「精英日課」人氣作家，
帶你刺探世界的底層邏輯，升級你對萬物的認知

高手量子力學

萬維鋼
著

QUANTUM MECHANICS
FOR
GENERALISTS

推薦文

解讀量子力學的堂奧，體悟細細閱讀的樂趣

簡麗賢／北一女中物理教師

在月明如素、夜深人靜的農村老家，閱讀萬維鋼老師的新作《高手量子力學》，頗有在習習涼風中閱讀大自然奧祕的況味，腦海裡浮現杜甫「細推物理須行樂，何用浮榮絆此生」的詩句。杜甫所處時代背景，顛沛流離，而他卻能感悟、推敲、細究大自然事物盛衰變化，應該及時行樂，何必受浮名束縛。

大自然是一部量子力學的書籍，腳踏厚實的大地，遠觀浩瀚的天空。閱讀廣袤無垠的天地，細察上下四方和古往今來的宇宙。人類對宇宙所知有限，見微知著不容易，理解量子力學亦然。因此，突破古典物理的思維、孕育現代科技的量子力學讓人著迷，盼能藉其一窺堂奧。

《高手量子力學》內容豐富，如物理學家普朗克（Max Planck）以「能量量子化」的創新觀念解釋黑體輻射紫外災變；愛因斯坦（Albert Einstein）延伸普朗克的論點而提出「光量子」，解釋光電效應現象；德布羅意（Louis de Broglie）提出新穎思維的物質波理論；奧地利物理學家薛丁格（Erwin Schrödinger）的貓；海森堡（Werner Heisenberg）論

述不確定性的觀點……還有鬼魅似的超距作用、量子通訊、量子計算，以及量子穿隧等，這些近代物理觀點，只有閱讀和思考，才能逐步理解科學的演進，體悟閱讀的樂趣。

《高手量子力學》傳遞讀者科學概念，例如普朗克突破古典物理學理論解釋黑體輻射的困境，物理學家從嶄新的論點切入，以能量不連續的概念取代古典物理能量為連續值的想法，闡述能量量子化的論點，解釋黑體輻射的疑義。普朗克的量子論於一九〇〇年十二月十四日發表，是古典物理與近代物理學的分界日，引導二十世紀的物理邁向新領域，量子力學誕生。之後，一代代的物理學家相繼接棒，掀起量子力學的神祕面紗。

量子力學揭開原子的祕密，愈往微觀世界探究，更能發現大自然是一部量子力學的書籍。難怪二十一世紀的科幻電影和戲劇都想藉由量子力學思索趣味橫生的劇本，不可思議的「穿牆術」可能源自「量子穿隧」的科幻想像，讀者或許從電影《蟻人與黃蜂女：量子狂熱》（*Ant-Man and the Wasp: Quantumania*）窺出端倪。

萬維鋼老師深入淺出引導讀者理解量子力學的概念，述說物理學革命史，以及「量子化」帶來的應用。他旁徵博引量子研究的奇思妙想，引入量子通訊和量子電腦等，這些量子科技正帶著量子力學的思維向前行，量子科技的「Q世代」未來令人期待。

引用杜甫的詩句：「繁枝容易紛紛落，嫩蕊商量細細開。」閱讀《高手量子力學》，不宜「繁枝容易紛紛落」的速讀，應是「嫩蕊商量細細開」的思索，才能自然生發，體悟閱讀量子力學的趣味。

推薦短文

翻轉想像的量子力學

火星爺爺／作家、企業講師

萬老師於「菁英日課」的量子力學課程，我反覆聽了五遍，太精彩。

透過萬老師的生動描繪，你會發現，那些細究微觀世界運作真相的物理學家，像是一個個福爾摩斯。發現真相過程情節的跌宕起伏、驚心動魄，大勝所有偵探小說。而各家物理宗師的論戰之精彩，也是華山論劍所遠不能及。

量子力學能夠讓你明白為什麼這個宇宙是這樣運作？其結論之顛覆，能最大幅度拓寬、翻轉你的認知想像（甚至連愛因斯坦都覺得「上帝不會擲骰子」），你值得被這樣的知識震撼一次。

我聽了五季的精英日課，在廣袤的知識大陸，萬老師是我心中第一名的中文領航員。想了解量子力學，我推薦你從萬老師這本書開始。啟程後你會發現，你搭乘的是貼心、善解的萬老師所駕駛的「尊榮優步」。

推薦短文

透過一本書，看一眼未來世界！

冬陽／推理評論人、廣播節目主持人

認識科學，長遠來說是個好投資。我指的不是煩惱科系、工作這類學生時期的抉擇，而是一輩子受用的持續學習。世界不會因為你不了解科學而停下發展的腳步，但你可以因為多理解科學一分而擁有多一絲回應世界的能力。

我承認量子世界並不好懂，它太違反在巨觀世界養成的常理直覺，可是當其詭祕的面紗被層層揭開時（雖然科學界還無法理解全貌），帶來的影響也許要將不理解它的人們拋在追趕不及的遠遠後頭。

這不是危言聳聽，想一想自己十年或二十年前用什麼方式接收資訊，選取的商業理財標的為何，甚至連娛樂形式題材的變化就能察覺到有多驚人，人生下一個十年、二十年，你還有力氣精神追逐嗎？衝著這股危機感，你就該燃起興致翻翻這本《高手量子力學》，接觸它、認識它，先從好奇開始，體會它的神祕樂趣，進而產生探問的興致——那就是投資的起點。

我不能保證收益多寡，但確定基本不賠（除非把買書錢或閱讀時間算進去）。作者沒把你當孩子，諄諄善誘說簡化的故事；而是把你當專業人士，期許你能從中得到洞見、做出能改變世界的大事。書裡以中學生程度的認知為基礎，拋開漫威電影很炫但多半站不住腳的說法；愛因斯坦當年都還問號滿滿的未知，現在已有平易近人的表述，只等你翻開書頁，賺得量子世界的第一桶金啦！

推薦短文

「平行宇宙」竟有可能是真的？

曹玉婷／臺大醫院北護分院主治醫師

猶記得在高中物理課讀到「量子力學」，就深受「波粒二象性」、「光電效應」、「電子雲模型」、「測不準原理」等理論與實驗的吸引。這些新穎的物理觀念徹底顛覆了我對世界的認知，帶給我截然不同的人生觀。

正如本書作者所說，讀完這本書，你至少能分辨哪些與「量子」掛勾的商品，只是不實廣告；而看似由人類豐富想像力所描繪的世界觀，例如「平行宇宙」，透過嚴謹的理論推導與實驗證明，竟然有可能是真的。

先別被看似深奧難解的數學公式給嚇到，就連最聰明的物理學家如愛因斯坦、費曼（Richard P. Feynman）等人，都沒能真正理解「量子力學」的全貌。我們普通人能站上巨人的肩膀，一窺當代科學極限的邊界，享受一下思考練習的純正趣味，認識一些量子力學在日常生活中的實際應用，那就足夠了！

推薦短文

微觀知識裡的宏觀啟示

愛瑞克／《內在原力》系列作者、TMBA共同創辦人

萬維鋼最令我佩服的地方，就是可以把很複雜的事物簡單化，簡單到中學生也都可以看懂、聽懂；同時也能讓原本懂的人，發覺原來自己還不懂，透過進階學習而擴張了自己的知識邊界。《高手量子力學》就是這樣的一本書。

一百多年前，在量子力學還沒開始之前，很多事情被視為玄學；經過歷代科學家們的不斷投入研究、驗證、發展，量子力學逐漸成為顯學。很多過去我們無法理解的事情，開始有了合理的解釋。萬維鋼為讀者講解這段精彩的科學史，並在書中承諾「不使用中學生水準以上的數學」，因此，這本書很適合給未曾接觸過量子力學的人，作為第一本的啟蒙、入門書。

然而，隨著實驗技術愈來愈進步，科學家們發現更多令人感到詭譎的事情。這些詭譎，此書裡面應有盡有。我想，這也是給原本已經認識量子力學的人，當作進階的讀物，更新腦中的資料庫。

高手量子力學

QUANTUM MECHANICS
FOR
GENERALISTS

我們都認為你這個理論是瘋狂的。我們之間的分歧在於它是否瘋狂到了足夠正確的地步。我自己的感覺是——它瘋狂的程度還不夠。

——尼爾斯・波耳（Niels Bohr）

遇見量子，就如同一個來自偏遠地區的探險者第一次看見汽車。這個東西必定是有用的，而且有重要的用處，但到底是什麼用處呢？

——約翰・惠勒（John Wheeler）

總序

寫給天下通才

感謝你拿起這本書，我希望你是個「通才」。我對你有個特別大的設想。我設想，如果你不滿足於僅僅靠某一項專業技能謀生，不想做個「工具人」；如果你想做一個能掌控自己命運、自由的人，一個博弈者，一個決策者；如果你想要對世界負點責任，要做一個給自己和別人拿主意的「士」，我希望能幫助你。

如何成為這樣的人？一般的建議是讀古代經典。古代經典的本質是寫給貴族的書，像中國的「六藝」、古羅馬的「七藝」，說的都是自由技藝，都是塑造完整的人，不像現在標準化的教育都是為了訓練「有用的人才」。經典是應該讀，但那遠遠不夠。

今天的世界比經典時代要複雜得多，今天學者們的思想比古代經典要先進得多。現在我們有很成熟的資訊和決策分析方法，古人連機率都不懂。賽局理論都已經如此發達了，你不能還捧著一本《孫子兵法》就認為可以橫掃一切權謀。我主張你讀新書，學新思想。經典最厲害的時代，是它們還是新書的時代。

就我所知而言，我認為你至少應該擁有這些見識——對我們這個世界的基本認識，包含科學家對宇宙和大自然的最新理解；對「人」的基本認識，能科學化地使用大腦，控制情緒；知道社會如何運行，以及個人與個人、利益集團與利益集團之間如何互動。你要能理解複雜事物，而不僅僅是執行演算法和走流程；要有一定的抽象思維，以及邏輯運算能力；必須掌握多個思維模型，遇到新舊難題都有辦法；一套高段的價值觀……

這代表——你需要成為一個「通才」。普通人才不需要了解這些，埋頭把自己的工作做好就行，但你不想當普通人才。君子不器，勞心者治人，君子之道鮮矣。你得把頭腦變複雜，你得什麼都懂才好。你不能指望讀一、兩本書就變成通才，你得讀很多書，做很多事，有很多領悟才行。

我能幫助你的，是這一本本的小書。我是一個科學作家，在「得到」App寫一個叫「精英日課」的專欄。這個專欄專門追蹤新思想。有時候我看到有意思的新書、有意思的思想，就寫幾期內容；有時候我做大量調查研究，寫成一個專題。這些書脫胎於專欄，內容經過了十萬名以上讀者的淬鍊，書中還有讀者與我的問答互動。

通才，並不是對什麼東西都略知一二的人，不是只知道各門派趣聞軼事的人，而是能綜合運用各門派武功心法的人。這些書並不是某項學科知識的「簡易讀本」，我的目的不是讓你簡單知道，而是讓你領會其中的門道。當然，你作為非專業人士，不大可能去求解愛因斯坦（Albert Einstein）的重力場方程式，但是你至少能領略到相對論純正的美，而不是卡通化、兒童化的東西。

這些書不是長篇小說，但我仍希望你能因為體會到其中某個思想，或與某位英雄人物共鳴，而產生驚心動魄的感覺。

我們幸運地生活在科技和思想高度發達的現代世界，能輕易接觸到第一流的智慧，我們擁有比古人好得多的學習條件。這一代人應該出很多了不起的人物才對，如果你是其中一員，那是我最大的榮幸。

萬維鋼

二〇二〇年五月七日

目錄

第 1 章

詭祕之主

量子力學是關於我們生活的這個世界本原的祕密。
愛因斯坦、波耳、薛丁格、海森堡、
狄拉克、包立、德布羅意、費曼……
二十世紀物理學裡最耀眼的英雄，
都是因為在量子力學中建功立業而留下姓名。

現在有誰不是量子力學的愛好者呢？人人都知道量子力學講究不確定性，所謂「遇事不決，量子力學」。人們都愛把「量子」放入公司和品牌的名稱當中，所以有了「量子基金」、「量子波動速讀」，乃至「量子推拿」。

你可能已經聽過不少版本的量子力學講解，有側重計算的學院版、講故事的歷史版、可愛的卡通版，還有霸道總裁假裝學過版。量子力學已經是一種文化，每個人都可以有自己的體驗角度。

我要說的，是最原本的角度。

詭祕。

這是一個被我們之中最聰明的頭腦探索了一百年的祕密。聽說它的冰山一角，你就足以動容；稍微了解，你就會為之痴迷；深入鑽研進去，你可能會陷入絕望，乃至瘋狂。

量子力學是關於我們生活的這個世界本原的祕密。愛因斯坦、波耳、薛丁格（Erwin Schrödinger）、海森堡（Werner Heisenberg）、狄拉克（Paul Dirac）、包立（Wolfgang Pauli）、德布羅意（Louis de Broglie）、費曼（Richard P. Feynman）……二十世紀物理學裡最耀眼的英雄，都是因為在量子力學中建功立業而留下姓名。

一開始，物理學家只是問了一些非常基本的問題：世界上的各種東西都是由什麼組成的？如果原子是最小的單位，那為什麼這個原子和那個原子的化學性質如此不同呢？原子還能再分解成別的東西嗎？光，到底是什麼？這些問題幾千年前就有人問，只不過直到一百年前，我們才有了足夠的技術和數學工具去真正探索它們。

結果這一探索，物理學家發現，微觀世界的東西和宏觀世界完全不同，它們似乎在遵循某些非常怪異的規則。

比如說，如果把你限制在一個各個面都是牆的房間裡，你想要出來就必須在牆上打個洞，對吧？那你是否會想到，中國有個「勞山道士」的故事，說有一種叫「穿牆術」的法術，可以讓人直接穿牆而過，既不破壞牆，也不傷害人？

在微觀世界裡，實施這個法術是常規操作。把一個電子限制在位能比它自身能量高的區域內，這個電子有一定的機率能穿「牆」而出。那既然電子可以，質子當然也可以，原子也可以……一直到由原子組成的人，在原則上，其實也可以——只不過你能成功穿牆的機率非常非常小而已。

這還不算什麼。日常世界裡的你，在任何一個特定時刻，都只能出現在一個特定的地方，對吧？比如你此時此刻不能既在北京又在哈爾濱。但是在微觀世界裡，電子可以同時出現在所有的地方——它不但能「既在這裡，又在那裡」，而且能同時沿著好幾條不同的路線前進。

日常世界的桌子上不會突然憑空冒出一個蘋果和一個橘子來，你想要水果得自己出去買。但是在微觀世界裡，真空當中可以突然憑空冒出一個電子和一個正電子來，只不過你幾乎不可能抓住它們而已。

微觀的世界，充滿詭祕。

那你可能說，這幫物理學家為什麼非得琢磨這些怪異的東西？難道老老實實地研究我們日常的世界還不夠嗎？

這些怪異行為不是物理學家幻想出來的，它們都是實驗和邏輯推理的結果。為了解釋日常世界的「正常」，你只能接受微觀世界的「不正常」。換一個視角，也許應該說微觀世界的那些怪異行為才是正常的；而我們在日常生活裡的感知，都是大尺度帶來的錯覺。

哪有什麼歲月靜好，不過是微觀的粒子們在替你詭祕前行。

—•—

在對微觀世界的詭祕進行探索的過程中，物理學操縱日常世界的能力也愈來愈強。就像修仙小說的主人翁一邊更新世界觀，一邊掌握新法術一樣，認知升級決定了能力升級。

量子力學帶給我們的回報，遠遠超出了所有人的想像。我們終於明白了原子到底是怎麼一回事，能精確推演日常世界的大部分自然現象；我們揭開了原子核的祕密，製造了原子彈，建造了核電廠；我們深入理解了固態物理學，發明了半導體和電腦晶片；我們能精確測量，甚至能操縱單個原子；我們能解釋遠在天邊的白矮星是怎麼一回事……量子力學是這個世界的底層邏輯，哺育了幾乎所有的現代先進科技。

然而物理學的英雄們仍然沒找到量子力學的最終答案。我們可以接受微觀世界的各種行為，但要說規則就是這樣了，那似乎有點不合邏輯。

比如說，一個電子從「同時出現在所有地方」，到「恰好在這裡被人們找到」，完全是一瞬間的事情，甚至可以說根本就不需要時間——那這一瞬間到底發生了什麼呢？什麼樣的事情，可以不花費時間就發生改變呢？

再進一步，這個電子最終在哪裡被找到，居然是完全隨機的。世界上怎麼能有完全隨機的事情呢？為什麼是在這裡而不是在那裡，總得有點原因吧？

有些人——比如愛因斯坦——就懷疑，量子世界種種詭祕的背後，必定還有一個隱藏得更深的，詭祕之主。

愛因斯坦死不瞑目，可是當時已經沒有多少人願意聽他說話了。

—•—

在早期的熱鬧後，曾有三十年之久，絕大多數物理學家都認為，繼續探索量子力學的祕密是徒勞的，應該專注在計算和應用上，畢竟現有的量子理論已經夠用了。那些年裡，物理學家「上天入地」，幾乎把人們能想到和想不到的所有自然法則都研究明白了，量子力學只是他們的計算工具而已。

量子力學的應用無處不在，但是人們對量子力學祕密的探索，沉寂了。

好在我們生得晚，還有機會看到這場探索的後續。從二十世紀六、七〇年代開始，又有人提出了新的假說，繼續探索那一個詭祕之主。新技術允許物理學家做各種巧奪天工的實驗。對這個祕密的探索，現在是一個非常活躍的研究領域。

圖 1-1 光子干涉炸彈實驗❷

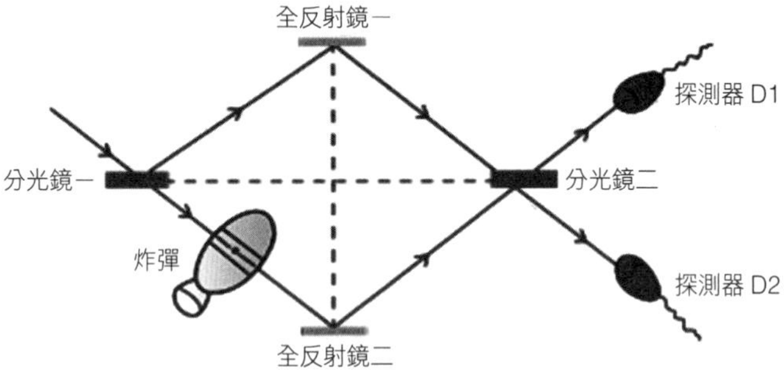

而物理學家走得更遠、更深之後，詭祕之感不但沒有減弱，反而還加重了。

新的實驗首先證明，所謂「量子糾纏」（Quantum entanglement），是真的。也就是互相關聯的兩個粒子，哪怕距離非常遙遠，只要其中一個的量子態發生改變，另一個就會立即隨之改變。這意味著它們之間存在某種超光速，甚至是暫態的協調。

我們後文會講到，愛因斯坦不接受量子糾纏。可惜愛因斯坦沒能看到這個實驗結果。不過量子糾纏在某種意義上並不違反愛因斯坦的相對論，因為沒有人能利用那個鬼魅般的協調去傳遞資訊。

使用新技術，物理學家有辦法只發射一個光子，讓它同時沿兩條路徑走。實驗發現，光子好像在出發前就已經對兩條路徑有完全的感知，它能根據路上的不同情況，選擇這一趟是走其中一條路，或同時走過兩條路。特別是如果在其中一條路上放一顆無比敏感、只要有一個光子打在上面就會爆炸的炸彈，那光子可以在不走這條路的情況下，感知到那顆炸彈的存在（圖1-1）❶。我會在第十四章詳細講解這個故事。

那個「感知」到底是什麼東西呢？

再進一步，老一輩物理學家曾使用過一個名詞叫「波粒二象性」（Wave–particle duality），說微觀世界裡的東西都「既是波，又是粒子」，具體觀測結果是什麼，取決於你的視角——用測量波的方法就會得到波，用測量粒子的方法就會得到一個粒子。那麼從微觀世界的「二象」到宏觀世界的「一象」，變化是發生在什麼時候呢？

新一代物理學家可以先假裝要測量波，等到光子已經不得不表現出波的樣子，但是仍然在飛行之中，尚未到達目的地「宣布」的那一刻，突然改變主意，改成要測量粒子，你猜光子會怎麼做？

答案是它不但會臨時變成粒子，而且還要改寫自己之前的行為。這就好比說一個學生在考場上看到試題之後，又重新回到三天前去準備這次考試。

新實驗甚至發現，連所謂的「客觀現實」都不一定存在。面對同一個實驗，兩個觀察者可以記錄下不同的結果。你說他們真的處在同一個世界之中嗎？也許我們每個人都有自己的世界……

怎麼解釋這些現象？量子力學背後的詭祕到底是什麼？現在物理學家提出了幾個猜想，一個比一個離奇。

探索仍然在進行之中，沒有人知道最終的答案。但是我們可以肯定，真實世界絕對不是人們平常感知的樣子，而你有權知道真相。現在我站在幾代物理學家的肩膀上，向你彙報我們對這個祕密的探索經過和最新理解。

學習量子力學能給你一個脫離平庸生活、體驗詭祕的視角。我們的解讀不是低幼版，也不是簡化版，不胡亂打比方，我將從最基本的概念講起，帶給你量子力學的純正趣味；我承諾不使用中學生水準以上的數學，主要用「物理直覺」說話，但我希望你能在學習過程中積極思考，學一點思辨的技巧；我要講一個探索的故事，你會看到物理學家們是如何一步步刺探未知的，你會學到他們常用的幾個心法。

—•—

我在「得到」App 開設「精英日課」專欄，專欄主編筱穎說，量子力學再難懂，也一定不會比人心更難懂，我對此表示懷疑。專欄第一季的更新時間曾經是每晚十點四十三分——來自10^{-43}秒這個「普朗克時間」。這裡的普朗克，就是量子力學創始人之一的普朗克（Max Planck）。他終其一生投入物理學研究，但仍不太相信自己所研究出來的東西……

量子力學就是一門能把花樣少年變成毀容大叔的學問，因為它顛覆了太多。為了安全學好這門課程，我希望你先忘記有關這個世界各種想當然耳的假定。當然也不是所有你知道的東西都會被顛覆。比如說以下這些事情，我保證，不管發生什麼，它們都還是對的：

第一，數學都是對的。你永遠都不用質疑數學結論。

第二，我們說到的所有實驗，不論多麼離奇，都是對的。它們都經過了幾代物理學家的反覆驗證，不但正確而且精確。我們的一切討論不是要質疑這些實驗，而是琢磨如何理解這些實驗。

第三，物理學的守恆定律——包括能量守恆、動量守恆和角動量守恆——都仍然成立。這個宇宙不會憑空送給你什麼東西，也不會憑空拿走你的東西……或者，至少不會做得太明顯。

第四，你的媽媽仍然愛你。

這幾條之外，請你做好思想準備。

問與答

Q **讀者提問：**

那些實驗室證明的結果一定是對的，但這個結果的適用範圍會不會有變化呢？

A **萬維鋼：**

這是一個合理的問題。如果是社會科學方面的研究，包括心理學，都的確有一個適用範圍的問題。適合美國公司的管理規律不一定適合中國公司，適合古代人的社會道德規範不一定適合現代人，適合現代化大城市人群的學習方法不一定適合所有人。

但物理學沒有這個問題。這個世界的底層邏輯和具體的人、具體的環境沒關係。印度的電子和中國的電子是完全一樣的，外星球的物理學與地球上的物理學也完全一樣。當然像引力的強度、大氣的密度，這些一定是各處不同，但那些不是最底層的物理規律。最底層研究的是基本粒子，基本粒子哪裡都一樣。

那你說，你憑什麼知道呢？你又沒測量過外星，也許外星球的物理學就是和我們這裡不一樣。

這是因為我們同處一個宇宙。宇宙各處都不是孤立的，大家有一個共同的起源，宇宙間的物質是到處流動的。組成我們身體的每一個大原子都是非常遙遠的某處的某個恆星死亡後的產物。物理學在這個宇宙裡一統江湖，絕無遺漏。

所以說，你只要拿自己家裡的電子做個實驗，發現它們滿足某種規律，就可以放心大膽地宣稱，全宇宙的電子都滿足這個規律。

Q **讀者提問：**

量子力學為什麼叫「力學」？一直以來都沒聽到什麼和力相關的概念和結論啊？

A 萬維鋼：

「力學」這個詞首先是歷史的傳承，叫「量子力學」是為了區別於「古典力學」。

力學的英文是「Mechanics」，其中並不包含「力」的元素，它的本意是研究物體的運動。好比牛頓力學（Newtonian mechanics）、熱力學（Thermodynamics）、流體力學（Fluid mechanics），說的都是某種物體的運動。但是「電動力學」的英文是「Electro-dynamics」，不帶「mechanics」，這也許是因為人們在潛意識中認為電磁現象更多是關於「場」（Field），而不是尋常的物體。

語言名詞中往往包含各種對歷史和文化的路徑依賴，並不是一個嚴格的系統，所以我認為不必對「量子力學」這個說法太過計較。

不過以我的感覺，敢叫「力學」的，就意味著這門學問是從「第一性原理」（First principle thinking）——也就是不做任何人為假設，只用最基本的原理——出發推導出來的，特別是其中必須有精確的方程式才行。「心理學」沒有方程式，其中各種說法常常互相矛盾，一點都不精確，所以絕對不能叫「心理力學」。

因此，「力學」是個高格調的說法，叫「力學」還意味著這個學問比較偏純理論。而如果一本書叫《量子物理學》（*Quantum Physics*），那就意味著其中包羅萬象，從理論到應用什麼都有。我們這本書後面會講到像量子計算和量子通訊這樣的應用，而且又不教解方程式，嚴格說應該叫「量子物理學」，但是我認為叫「量子力學」更酷。

順便說一句，格調最低的是「科學」。學術界有個觀察，真正的科學都有各自的學科名字，物理學就叫物理學，化學就叫化學，只有那些不夠硬的、對自己算不算是科學沒自信的學科才叫「某某科學」：電腦科學、社會科學、政治科學、環境科學……

第 2 章

孤單光量子

古人研究光，只能靠生活常識和簡單的思辨……

可是，光到底是什麼東西呢？

光的顏色是怎麼來的呢？

十九世紀末到二十世紀初，世界各國普遍都在鬧革命，用李鴻章的話來說叫「三千年未有之大變局」。這句話也適用於物理學的革命。這場革命是古典物理學和現代物理學的分界線。

牛頓（Isaac Newton）和伽利略（Galileo Galilei）這些早先的物理學家都做出過非常漂亮的工作，但是他們的手段極其有限，對世界的觀察比較被動。他們仰望星空可以，做實驗就都很粗糙，無非是弄個滑塊、斜面之類的，沒有什麼科技感。

而十九世紀末的歐洲，因為工業革命成功，迎來了一個蒸汽龐克的時代。物理學家有了比較精密的儀器，有了人造光源，特別是可以玩電了，這才像個做實驗的樣子。當時的數學工具也非常發達，微分方程式、統計方法、非歐幾何等都已經很成熟了。

不過這時候的物理學還是牛頓物理學的延續，還是古典物理學——很厲害的古典物理學。當時馬克士威（James Clerk Maxwell）的電動力學已經深入人心，人們已經知道分子和原子的存在，連熱力學都被研究得明明白白。物理理論自帶一種美感，而且公式和實驗結果特別吻合，古典物理學是非常精確的科學。

而物理學家看待世界的情緒，已經不再是好奇和敬畏了，而是統治：世間各種自然現象，現在我們都能用理論解釋。

比如說「光」。古人研究光，只能靠生活常識和簡單的思辨。人們早就知道視覺的形成是因為光進入眼睛，而不是眼睛會發射光。人們知道光走直線，光可以互相交叉，光還能有能量——因為陽光照在身上暖洋洋的。牛頓還知道太陽光不是單純的白色，而是可以分解成不同的顏色。可是，光到底是什麼東西呢？光的顏色是怎麼來的呢？

馬克士威的電動力學出來以後，物理學家立即就知道了光就是電磁波，光的顏色不同其實就是波長和頻率不同。無線電波、紅外線、可見光、紫外線、X 射線、γ 射線……它們都是同一種東西，唯一的區別就是頻率不一樣（注意，光的頻率和波長的關係是：波長乘以頻率等於光速。所以我們說光的顏色就等於說頻率，說頻率就等於說波長）。

你看，有了這個知識後再看「光」，是不是有一種江山盡在掌握的感覺呢？

我們這一章的主角普朗克在一八七五年上大學時，他的老師勸他不要再學物理了，因為物理學已經很成熟了，盛宴已過，沒有多少留給他研究的空間了。

—•—

科幻小說作家艾西莫夫（Isaac Asimov）有句名言，說科學探索中最激動人心的話不是什麼「尤里卡」（Eureka，意即「我發現了」），而是「這有點怪啊」（That is funny.）。

一九〇〇年元旦這天，熱力學之父、被尊稱為克耳文男爵的威廉·湯姆森（William Thomson）在演講中說：「在已經基本建成的物理學大廈中，後輩物理學家只要做一些零碎的修補工作就行了……但是，在物理學晴朗的天空的遠處，還有兩朵小小的、令人不安的烏雲。」

也就是，這有點怪。

▌圖 2-1 四種不同溫度黑體的輻射光譜 ❸

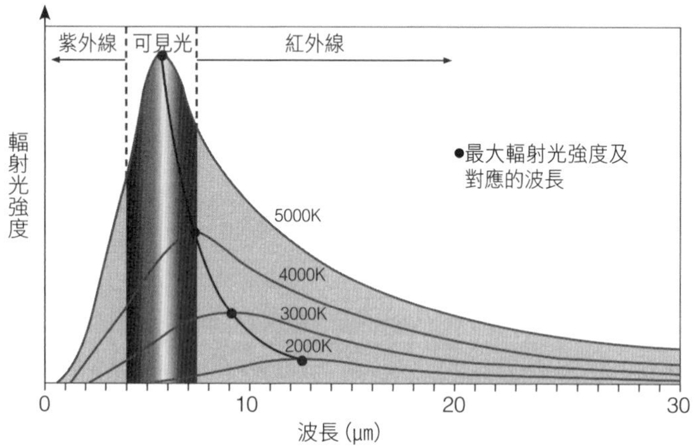

這「兩朵烏雲」都和光有關。一朵是光速為什麼在各個方向都不變，我們知道這導致愛因斯坦發現了狹義相對論；另一朵，是關於黑體輻射的。

課本總愛把「黑體」描寫成特別抽象的東西，其實黑體很簡單。所謂黑體，就是它不反射別的光，它發出的都是它自身的光。太陽、燒紅的烙鐵、黑暗中的人體，這些東西都可以近似為黑體。黑體發出的光是由它的熱量導致的，也就是熱輻射。

物理學家發現，黑體熱輻射的光譜，與它具體是什麼物體沒有關係，完全由黑體的溫度決定。一塊烙鐵也好，一塊磚頭也好，你看一眼它發光的顏色，就知道它的溫度多少。發紅光那就是溫度還不算太高，藍光就意味著溫度很高。嚴格說來，黑體輻射不會只發單一顏色的光，你看見是紅光，只不過是因為紅色光的強度最高。給定一個溫度，實驗物理學家能夠非常精確地告訴你黑體輻射光的顏色——也就是頻率——的分布曲線，比如圖2-1。

那請問，黑體輻射的光譜曲線為什麼是這樣的呢？

理論物理學家都是非常自負的，說這個曲線這麼標準，一定能把它的公式推導出來。當時熱力學、統計力學已經非常發達了，物理學家可以精確地描述一堆氣體的熱運動，而黑體無非就是一塊發熱的固體吧？物理學家假設，黑體的光來自其中的電子振動產生的電磁波，那用統計力學一算便知。

誰也沒想到，物理學在這裡失敗了。沒有一個理論能解釋黑體的發光曲線，特別是在高頻率——也就是紫外線以外的地方，有的理論認為黑體發出的能量在高頻率處應該是無限大的（如圖2-2中的瑞利—金斯曲線），這顯然不可能。人們把這個理論難題稱為「紫外災變」。

這是古典物理學的終結，也是量子力學的開端。

—•—

一九〇〇年的某一天下午，普朗克在自己家裡和一位實驗物理學家討論黑體輻射。實驗物理學家把這個事情講明白就走了，晚上普朗克自己繼續琢磨，換了一個思路。他想，我能不能先不管物理，能不能直接在數學上湊一個公式來描述這條曲線呢？當晚普朗克有如神助，竟然真的湊出一個公式——也就是大名鼎鼎的普朗克公式。他立即寫明信片把公

圖 2-2 普朗克曲線與瑞利－金斯曲線[4]

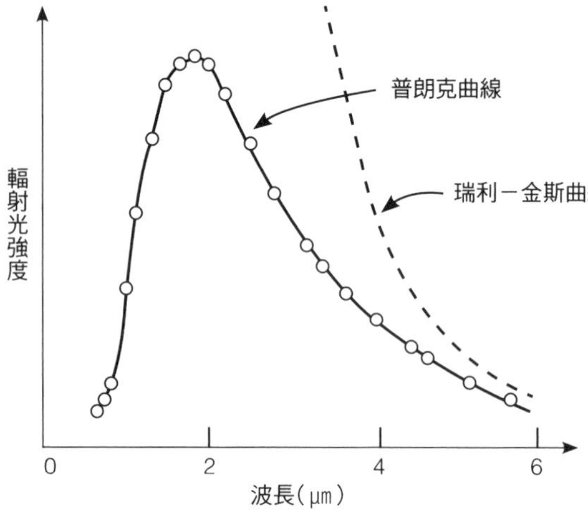

式告知了那個實驗物理學家，並且在十二天後當眾宣讀了論文。這真的是一個非常完美的公式，它與實驗結果完美符合（見圖2-2，圖中圓點為實驗數值）。

可是從物理上來說，這個公式該怎麼解釋呢？普朗克苦苦思索了幾個月，最後發現只要滿足一個物理假設，就可以推導出這個公式。

這個假設是，電子振動產生電磁輻射的能量不能是連續的，而應該是一份一份的，就好像上臺階一樣，你每次必須走一整階，而不能走半階。普朗克規定每一份輻射能量的最小單位是由光的頻率決定的：$E=hf$。其中E是能量，f是頻率，h是一個常數，我們現在稱之為「普朗克常數」，h等於「6.626×10^{-34}焦耳·秒」。

有了這個假設，高頻率輻射光的一份能量就很大了，那麼根據熱力學，它出現的機

圖 2-3 光電效應實驗[5]

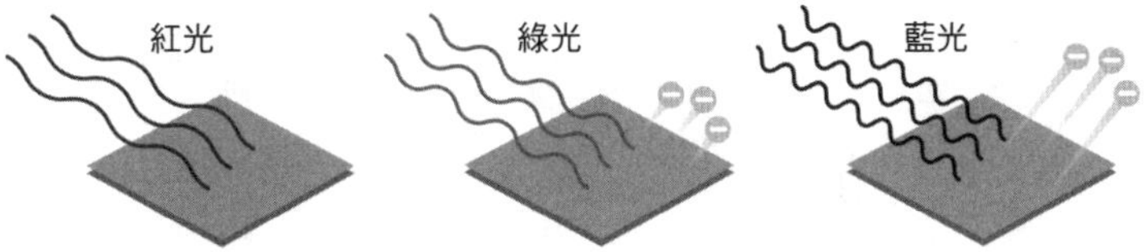

率就比較低，所以高能輻射就沒有那麼多，這就避免了紫外災變。

普朗克憑這個假設和普朗克公式拿到了一九一八年的諾貝爾物理學獎。但是普朗克並不知道那「一份一份的」能量，意味著什麼。

第一個把天機說破的還得是愛因斯坦，這就引出了另一個實驗——「光電效應」實驗。物理學家在實驗中無意發現，如果把一束光照射在金屬板上，有時候金屬板會往外發射電子。表面上看這很容易理解，光畢竟是電磁波，電磁波的能量轉化成電子的動能，電子就跑出來了。

但奇怪的是，電子如何往外跑，和光的強度沒有關係，只和光的顏色——也就是頻率——有關係。好比紅色的光不管多亮，都不能讓電子跑出來；要是用綠光，哪怕光線很弱，電子也能跑出來；要是藍光，電子不但能跑出來，速度還很快（圖2-3）。

這個現象無法用古典物理學解釋。在馬克士威的理論中，電磁波的能量只和強度有關，和頻率沒關係。電子為什麼不能逐漸地從光波中累積能量，累積夠了就跑呢？

一九〇五年是「愛因斯坦奇蹟年」，這一年愛因斯坦發表了六篇論文，其中一篇叫《關於光的產生和轉變的一個啟發性觀點》

（*On a Heuristic Point of View about the Creation and Conversion of Light*），說的就是光電效應。

愛因斯坦說，電子之所以非得遇到高頻率的光才能跑，是因為光是一份一份的。普朗克不是說了嗎？光的一份能量由頻率決定，即 $E=hf$，頻率愈高能量愈大，所以高頻率的光的一份能量才足夠大，才能打動電子。

請注意，相對於普朗克的假設來說，愛因斯坦提出了一個思維概念上的躍遷。普朗克說的一份一份是黑體中電子受熱振動的能量，而愛因斯坦說這和光是不是從黑體中來的沒關係——只要是光，能量就是一份一份的。

愛因斯坦提出了「光量子」（簡稱光子）的概念。

他說光不是連續的一片波，而是由一個一個的光子組成的，每個光子的能量就是它的頻率乘以普朗克常數，即 $E=hf$。

愛因斯坦用這一個公式解釋了光電效應，計算結果與實驗非常吻合。這篇論文給愛因斯坦帶來了諾貝爾物理學獎，也是他一生中唯一的一個諾貝爾獎。

普朗克和愛因斯坦的解題思路，叫「量子化」，量子從此就成了現代物理學的一大主題。物理學家們把什麼東西都想給量子化，有人認為連引力，甚至連空間都是量子的。

什麼是「量子」呢？比如你家有個4K高畫質電視，離遠了看，你覺得電視畫面非常「滑順」。但是離近了看，你會發現螢幕上其實都是一個一個的光點，並非連續的。

量子，就是解析度是有限的，是不連續的，是一個一個的，是像整數一樣可數的。這個世界有可能完全是量子的。

我們平時為什麼感覺不到世界是量子的呢？因為普朗克常數 h 是一個非常非常小的數字，等於說解析度太高了。

—•—

黑體輻射和光電效應都是古典物理學解釋不了的現象，普朗克先用湊數的方法給了個數學模型，愛因斯坦賦予了這個模型物理上的意義，物理學家就算正式發現了光子。

今天聽起來，這個過程相當自然，好像物理學家們是在親切友好的氣氛下達成的共識，但當時的情況並非如此。

愛因斯坦關於光電效應的想法是受到了普朗克的啟發，那篇論文的編輯和審稿人又恰好都是普朗克，而且普朗克也讓論文發表了。你說普朗克是不是應該非常讚賞愛因斯坦的說法呢？

並沒有。普朗克本人在此後很多年裡，都無法接受光子這個概念。光子不符合古典物理學，馬克士威方程式解不出一份一份的能量。普朗克在很多年裡都在尋找用古典物理學解釋電子振動的方法，但最終，他還是失敗了。

普朗克有一句名言：「新科學事實之所以勝出，並不是因為反對者都被說服了，而是因為反對者最終都死了，然後熟悉這個事實的新一代人長大了。」[6]

可能你以前就聽過這句話，以為普朗克是那個傳播新思想的人——其實他不是。

那麼愛因斯坦提出了光子的概念，必定是新思想的擁護者吧？其實也不是。愛因斯坦終其一生，都反對量子力學。

什麼是革命呢？那得是一個思想如此離經叛道，以至於連革命者本人都反對它，才是真革命啊！

問與答

Q

讀者提問：

為什麼高能量頻率的光子出現的機率就比較低？和熱力學定理有什麼聯繫？能稍微展開說一下嗎？

A

萬維鋼：

這是一個統計現象，我們用氣體比較容易說明白。我們平常說的「溫度」，在物理學上，其實是氣體分子平均動能的代表，溫度愈高，代表氣體分子的運動速度愈快。溫度高的時候我們感到比較熱，是快速運動的氣體分子打在身上帶來的一種感受。

但溫度代表的是平均的動能。一堆氣體分子之中，總有些分子的速度更快一些，有些更慢一些。這個快慢是從哪來的呢？是碰撞出來的。比如一個分子的速度已經很快了，另一個大分子或者幾個分子再撞它一下，它就可能會變得更快。我們可以想像，那些最快的分子，必然是經過多次加速碰撞出來的。

而這樣的分子必然是非常幸運的分子。能被多次加速，是個低機率事件。這就好比說社會上賺錢特別多的人，也一定是非常幸運的人。他們往往受到不是一次，而是好幾次的推力；他們必須連續做對很多事情才行。而這樣連續的幸運也是低機率事件。

這就是為什麼能量特別高的振動和特別富有的人都比較少。對應到量子力學，有些輻射發光是來自電子的碰撞和振動，有些是來自電子從原子的高能階向低能階躍遷——後者也是低機率事件，因為能階愈高，出現的機率愈低。

Q

讀者提問：

光電效應中，光子那麼小，電子那麼小，是真正的撞擊還是引力拉扯？

A

萬維鋼：

可以說是真正的撞擊。光子到底是如何打到電子上，還把電子給打飛了，這個具

▌圖 2-4 康普頓散射

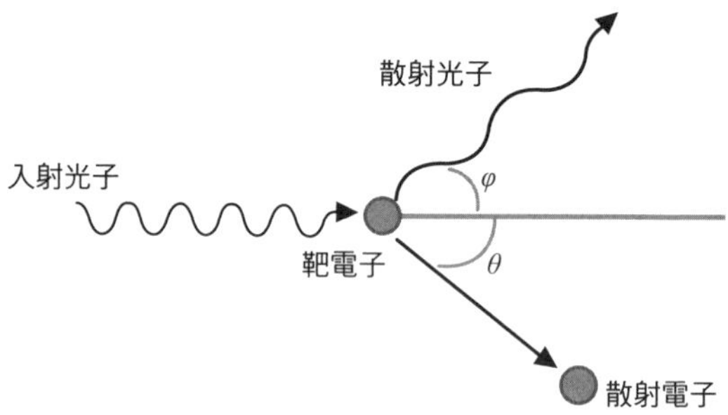

體的過程，愛因斯坦那篇論文也沒說清楚。不過後來人們在實驗中找到了最直接的證據，這個現象叫「康普頓散射」（Compton scattering）。

美國物理學家康普頓最早發現，用X射線——這是一種光——照射碳原子之後，光的頻率有可能會發生改變。這個現象無論如何都不能用古典電動力學解釋，因為馬克士威的理論只會讓電子跟著電磁波一起振動，而不會改變外來的電磁波的頻率。而用光子解釋就很容易了（圖2-4）。

光子和電子就好像撞球一樣發生彈性碰撞，光子被電子彈開，形成散射，各自的動能在碰撞之後自然會發生改變。康普頓算一算光子入射的角度和散射出來之後的角度，再算一算光子頻率的變化，正好符合彈性碰撞。

那你可能說，光子和電子都這麼小，怎麼那麼巧就能撞到一起呢？答案是實驗中有很多很多的光子和電子……總有撞上的時候。

第3章

原子中的幽靈

物質是不是無限可分的？

我可以非常負責任地告訴你，

物質並不是無限可分的。

物質該怎麼分，正是量子力學的開端。

先來思考這樣一個問題：物質是不是無限可分的？

從數學直覺上來講，物質應該是無限可分的。既然一個大東西能被分割成小東西，那小東西肯定也能被分割成更小的東西。《莊子》不是有一句話嗎？「一尺之棰，日取其半，萬世不竭。」你想必也聽說過，物質是由分子組成的，分子是由原子組成的，原子是由質子、中子和電子組成的，質子和中子又是由夸克組成的。那麼接下來連小學生都會問的問題，就是夸克和電子又是由什麼東西組成的呢？

答案是它們並非由別的東西組成的。現代物理學的標準模型認為夸克和電子是「基本粒子」，它們不可再分。我可以非常負責任地告訴你，物質並不是無限可分的。

物理學認為電子和夸克都是一些「數學結構」，不可再分，也不必再分。這個思想其實也容易理解，打個比方。比如一本書，你可以把它分成章節；章節可以分成句子；句子可以分成英文單詞或漢語詞語；英文單詞可以分成字母，漢語詞語可以分成漢字……那請問，像「a」、「b」、「c」這樣的字母，像「你」、「我」、「他」這樣的漢字，還可以再分嗎？答案是不能了，因為再分就沒有意義了。字母和單個漢字已經是最底層的符號單位，它們代表的是抽象的概念，無須再分。❼

直到二十世紀都還有一些哲學家——我就不說是誰了——認為物質是無限可分的。他們想錯了。所以哲學家是靠不住的，真實世界比莊子的直覺更有意思！而物理學家的見識可不是一拍腦袋想出來的，他們的探索步步驚心。物質該怎麼分，正是量子力學的開端。

十九世紀末的科學家已經明確知道物質是由原子組成的了，而且還把原子分類。門得列夫（Dmitri Mendeleev）弄好了元素週期表，知道每種原子的化學性質。古典物理學很美好，人們並不急於知道原子還能不能繼續往下分。

這時候，大自然主動給了物理學家兩個提示。

第一個提示，是一八九六年前後，居里夫人（Skłodowska-Curie）等人發現鈾原子能自發地往外發射某種射線。居里夫人把這個現象命名為「放射性」，並且正確地推測出，放射性不是因為原子和原子之間的化學反應，而是因為原子自身的某種活動而形成的。科學家據此懷疑，原子內部應該還有結構。

第二個提示，是一八九七年，約瑟夫・湯姆森（Joseph John Thomson）爵士發現陰極射線中有一種「微粒」在外加的電磁場中會發生偏轉。湯姆森意識到這種微粒帶負電，並且把它命名為「電子」。這是人們第一次明確知道原子之中還有別的東西，湯姆森因此獲得了一九〇六年的諾貝爾物理學獎。

原子是電中性的。那既然電子帶負電，原子中必定還有帶正電的物質。湯姆森設想了一個模型，現在稱之為「梅子布丁模型」（Plum pudding model），也可以叫「葡萄乾布丁模型」（圖3-1）。想像一個鬆軟的球狀大蛋糕，其中點綴著一些葡萄乾——那些葡萄乾就是帶負電的電子，而蛋糕本身帶正電，和葡萄乾達成平衡。原子一受熱，電子們就會在蛋糕

圖 3-1 湯姆森的葡萄乾布丁原子模型[8]

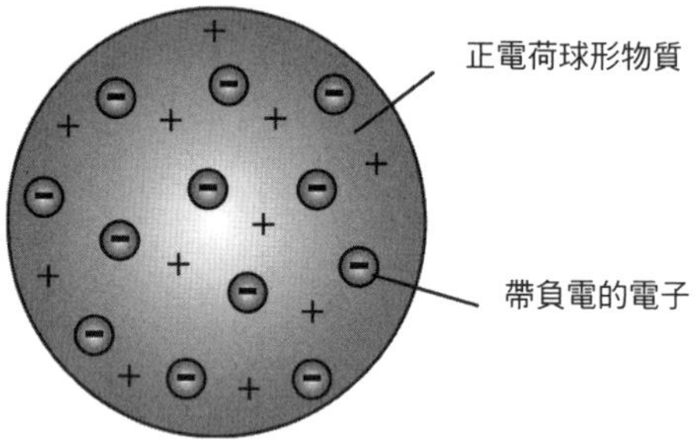

上震動起來，形成電磁波，也就是輻射發光。

這個模型聽起來滿合理，但它是錯的。

給湯姆森模型致命一擊的，是湯姆森的學生拉塞福（Ernest Rutherford）。拉塞福最早也是研究放射性的，而且比居里夫人更有洞見。

拉塞福合理推斷出，所謂放射性衰變，其實就是一種原子從自己的內部分裂，變成了另外一種原子。有的人不接受這個理論，說原子怎麼還能變呢？這不就等於是煉金術嗎？其實這個指責也沒什麼，我們知道化學這個學科，最早就是起源於煉金術。結果拉塞福因此獲得了一九〇八年的諾貝爾……化學獎。

拉塞福對此是不以為榮，反以為恥。他有一句名言：

「所有的科學可以分為兩類，一類是物理學，剩下的都是收集郵票。」[9]

在我看來，他的意思是物理學研究的是世界最本原的規律，需要靈感、洞見和創造性的理論；對比之下，其他學科只不過是老老實實地記錄觀測結果而已——我是光榮的物理學家，而你們給我個化學獎？

不過拉塞福在放射性方面的研究給他提供了一件神兵利器：某些放射性物質衰變時會發射一種高能量的射線，拉塞福稱之為「α粒子」，並且他正確地推測出α粒子其實就是把氦原子拿掉兩個電子後剩下的離子。拉塞福可以大量製造α粒子，也能夠把α粒子當子彈用。

物理學家要想探測某個東西的內部結構，標準的打法是對它進行轟擊。現在動不動就耗資數百億美元、據說能代表一個國家綜合國力的加速器和對撞機，都是做這種事的。

拉塞福在一九一一年做這個實驗時，只花了英國皇家科學院七十英鎊。[10]他的做法是讓兩個學生拿α粒子轟擊金箔。金箔是薄薄的一層金紙，α粒子是高能量的子彈，你說子彈打在紙上會有什麼樣的效果？拉塞福在實驗室周圍放了一圈檢測屏幕，記錄子彈的散射情況（圖3-2）。

▌圖 3-2　金箔實驗[11]

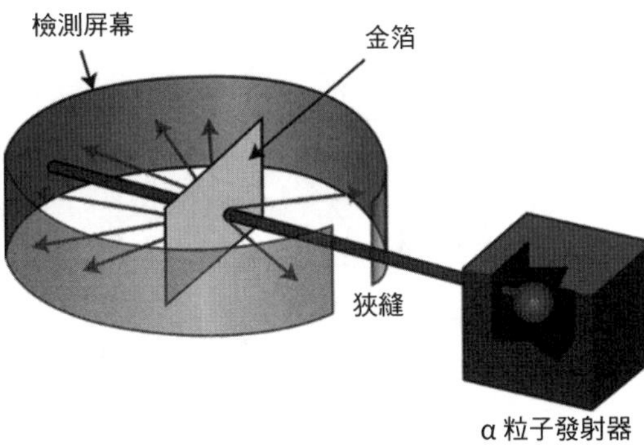

這兩個學生中有一個叫蓋革（Hans Geiger），後來因為發明了著名的「蓋革計數器」而成了物理學史上的名人。蓋革有個長處，他能在黑暗中待上幾個小時，一心一意記錄。

實驗發現，絕大多數α粒子直接就從金箔中穿過去了；有少量α粒子發生了偏轉；還有極少量的α粒子，居然被金箔反彈回來了。拉塞福感到很震驚，紙怎麼能把子彈反彈回來呢？唯一的可能性，就是這張紙中散布著一些非常硬的東西。

圖 3-3 拉塞福原子模型

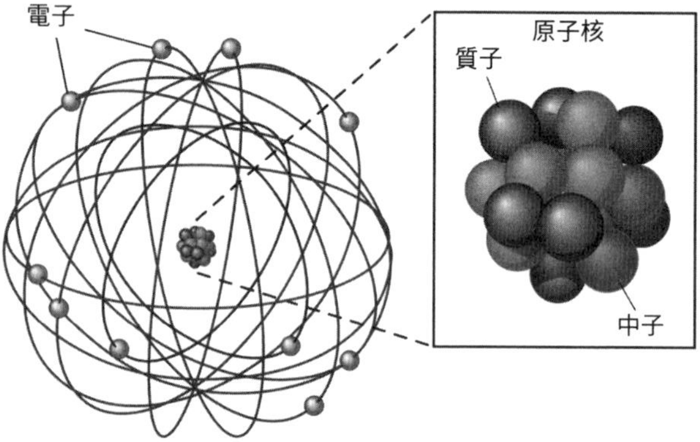

拉塞福斷定那個硬東西是原子核。大部分子彈會筆直地穿過，少量發生偏轉，極少量會被反彈回來，這說明原子內部根本不是什麼葡萄乾布丁結構，而是一個極其空曠的空間。這個空間的大小是由外層的電子決定的，而原子幾乎全部的重量，都集中在中間很小的那個帶正電的原子核上（圖 3-3）。子彈只有在靠近原子核的時候，同樣帶正電的 α 粒子才能被偏轉，因為正電和正電互相排斥；只有正好撞向原子核的時候，α 粒子才會被反彈回來。

拉塞福做了一番計算，認為原子核的尺度大約在 10^{-14} 公尺，只占整個原子萬分之一的大小，這些資料在今天看來也算準確。拉塞福轟擊了很多種物質，發現不同原子的原子核電荷數和重量都不一樣，並且據此發現了質子和中子的存在。

拉塞福的原子模型比湯姆森的葡萄乾布丁模型精確多了，但是它依然有兩個問題沒解決。

第一個問題是，電子帶負電，原子核帶正

電，而正負電相互吸引，為什麼電子不會掉到原子核中去呢？

拉塞福說這是因為電子繞著原子核做圓周運動，就好像行星繞著太陽轉一樣，離心力平衡了吸引力。

但這個解釋是錯的。電子做圓周運動，等於是不斷改變速度的方向，而馬克士威電動力學告訴我們，帶電物體的變速運動一定會產生輻射，從而損失能量。計算表明，電子應該一邊轉圈，一邊輻射，一邊掉落，在10^{-12}秒之內就會掉入原子核中（圖3-4）。

圖 3-4 電子掉入原子核示意圖[12]

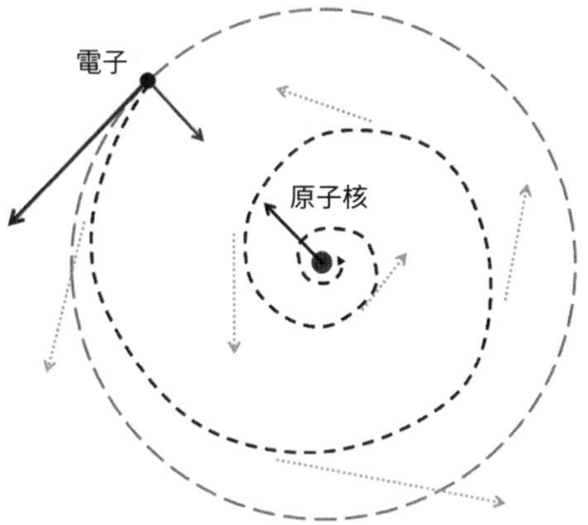

可真實的原子為什麼是穩定的呢？

第二個問題是，原子的確會對外輻射，而且在不受外界干擾時也能輻射，但是原子輻射的光譜很獨特，它不是連續的。

比如圖3-5是氫原子的輻射光譜，它由一些好像有規律，又好像沒規律的線組成。

當時有個中學老師叫巴耳末（J. J. Balmer），還真找到了氫原子輻射光譜的一個規律。他發現其中一些輻射光的波長λ的倒數，正好正比於$\left(\frac{1}{4}-\frac{1}{n^2}\right)$，其中$n=3, 4, 5$……也就是：

$$\frac{1}{\lambda}=R\left(\frac{1}{2^2}-\frac{1}{n^2}\right)$$

但這個公式純粹是湊數湊出來的，沒人知道這意味著什麼。我們需要一位物理學家來賦予它意義。

—•—

一九一二年，量子力學未來的掌門人，波耳博士畢業了。他先加入了湯姆森的研究組，但是因為批評湯姆森的模型而受到打壓，又轉投了拉塞福。在拉塞福的實驗室裡，波耳意識到以自己的動手能力，做實驗是真不行，但是做理論可以。

波耳看著巴耳末湊出來的公式，想起普朗克和愛因斯坦「量子化」這個動作，決定把原子中電子的軌道量子化。波耳提出四個假設（圖3-6）：

圖 3-5 氫原子輻射光譜[13]

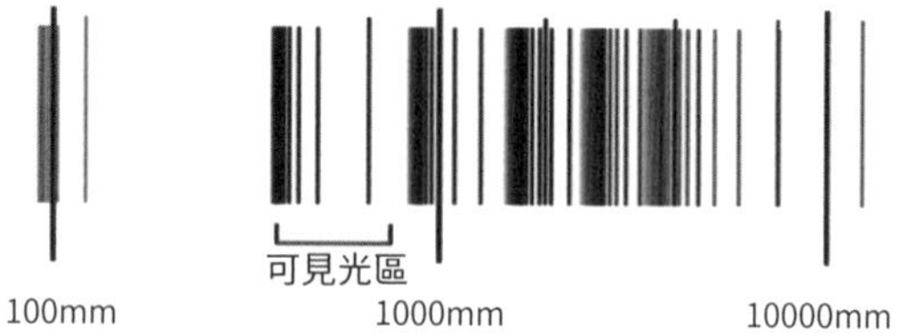

第一，電子平時按照特定的軌道運動，每個軌道有自己的能階，能階和「軌道量子數」的平方 n 成反比，即：

$$E_n=-R_H\cdot\frac{1}{n^2}$$

第二，電子在同一個軌道中運動的時候，並不向外輻射能量，原因我們暫時不知道。

第三，只有當電子在兩個不同能階之間躍遷的時候，它才會輻射能量。輻射的能量正好是兩個能階的能量差，同時又等於普朗克常數乘以光的頻率，即：

$$\Delta E=E_f-E_i=hf$$

第四，電子軌道有個角動量，角動量也要量子化。

考慮到 $\lambda f=c$，波耳這個模型完全解釋了巴耳末的譜線公式，而且還能計算所有的譜線，如圖 3-7 所示。

圖 3-6 波耳原子模型的示意圖[14]

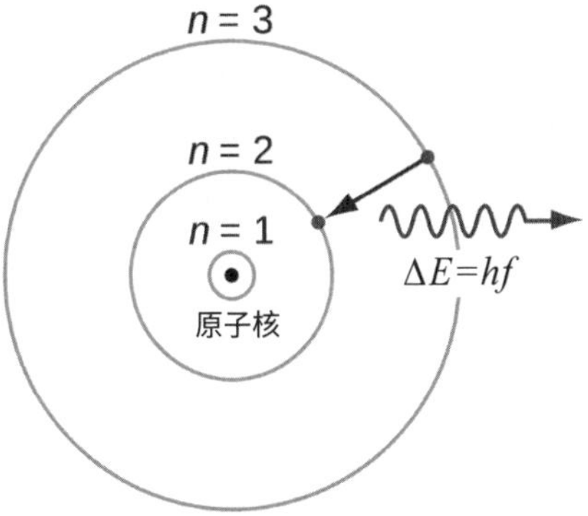

圖 3-7 氫原子輻射光譜譜系[15]

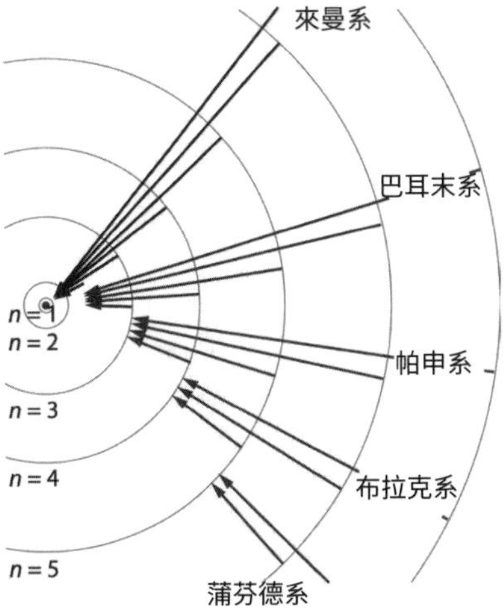

這是一個無比成功的模型。光電效應不是說外來一個高能量的光子能把電子打飛嗎？這個光子的能量需要多大呢？正好是那個電子所在能階的能量。

波耳模型還能明明白白地告訴我們，原子中如果有多個電子，它們應該怎麼排列，這等於是解釋了整個化學！波耳憑藉這個模型獲得了一九二二年諾貝爾物理學獎。

我們再類比一下，波耳的解題思路和普朗克、愛因斯坦非常相似，都是先有實驗結果，再湊數，再來個量子化。那愛因斯坦是不是應該非常喜歡波耳這個理論呢？並不是。

波耳的論文是一九一三年發表的，愛因斯坦的評價是，你這個思路，我還真想過，但我不敢發表，因為這太怪異了。

為什麼軌道只有固定的那麼幾條？為什麼電子在軌道中就不會輻射能量了？波耳無法回答。還有，躍遷到底是怎麼回事？一個高能階的電子，為什麼會自動、突然地躍遷到低能階去？它受到什麼刺激了嗎？它有自由意志嗎？它躍遷的路線又是怎麼走的呢？這一切都非常詭異。

物理學家有一種強烈的感覺——量子世界必定有一套自己獨特的規則，是古典物理學所不包括的。

到目前為止，量子力學取得的進展都是實驗結果「倒逼」物理學改革而來。物理學家都是不得不接受一個個事實，然後手忙腳亂地對付出來一個個模型，一直很被動。

這個局面不會持續太久，理論物理學家馬上就要主動出擊了。

順便說一句，拉塞福總共培養了包括波耳在內的十一個諾貝爾獎得主，其中八個是物理學獎，三個是化學獎，可謂空前絕後的一代宗師……但遺憾的是，他自己始終只有一個化學獎。

問與答

Q　讀者提問：

物理學與化學是不是本來就是一家，而到了後來出於某種原因分成了兩個學科？因為這兩個學科有很多相似的地方，就像拉塞福研究出了一個物理成果而獲得諾貝爾化學獎，感覺有點不可思議。我想問，是先有化學還是先有物理的呢？

A　萬維鋼：

準確的說法是物理和化學原本是兩家，現在可以說是一家。歷史上物理學研究物體的運動，化學研究物體的改變——但是現在我們都知道了，所謂改變也不過就是原子和分子們的運動，所以化學應該算是物理學的一部分。

現在一般約定，化學研究分子尺度的事情。而比分子尺度更大或更小的事情，都歸物理學。

Q

讀者提問：

原子核直徑的大小和普朗克常數是實驗測出來的，還是數學公式推導出來的？

A

萬維鋼：

普朗克常數是普朗克在對黑體輻射公式湊數的時候湊出來的，可以說它代表了微觀世界在宏觀現象中表現出來的特徵。量子力學正式建立起來之後，因為普朗克常數直接出現在薛丁格方程式裡，它簡直無處不在，所以可以用各種方法測量驗證。

原子核直徑的大小，可以說是拉塞福透過實驗測量出來的，當然不是直接測量。拉塞福可以看一看有多大比例的 α 粒子被反彈回來，有多大比例的 α 粒子以什麼樣的角度被散射出去。考慮到原子核所帶的正電荷就能計算原子核的電場，再根據金原子的重量和金箔的尺度估計兩個原子核之間的距離，就可以計算原子核的直徑。

第 4 章

德布羅意的明悟

如果光可以是粒子，

那電子為什麼不能是波呢？

靜止質量為零的東西也有粒子的一面，

靜止質量不為零的東西也有波的一面。

物理學是最革命的科學。別的學科一般都是漸進式的進步，偶爾有出乎意料的思想突破，也都比較溫和。而在量子力學的發展史中，我們看到的卻是一些不可思議，甚至是顛倒乾坤的新思想，讓人從感情上都無法接受。有些最厲害的物理學家一生都不接受量子力學，但他們反對的只是觀點和思想，從來不是事實和邏輯。物理學從來都不會因為個人感情接受不了而停止前進。

由此說來，物理學家雖然也是人，但都是最沒有成見的人。現在很多人愛說什麼「創新思維」、「破除成見」、「擁抱不確定性」、「認知升級」，聽起來都是空洞的口號——把你的大腦用量子力學淬鍊一遍，切身感受到新思想帶來的糾結和不安，你的認知才能升級。

以前鄧小平談中國改革，有一句話是這樣說的：「計畫經濟不等於社會主義，資本主義也有計畫，市場經濟不等於資本主義，社會主義也有市場。」[16]這就是破除成見。他的頭腦中同時存在兩種相反的想法，卻具備正常行事的能力，所以用美國作家費茲傑羅（Francis Fitzgerald）的標準來看，鄧小平有一流的智力。

我們這一章的主題恰恰也是這個意思。如果光可以是粒子，那電子為什麼不能是波呢？靜止質量為零的東西也有粒子的一面，靜止質量不為零的東西也有波的一面。

為什麼都想要一流的智力呢？因為更自由。

我們先來看看為什麼物理學家如此相信光是一種波。理論上的原因，固然是馬克士威方程式解出來了電磁波，然後一看電磁波的速度正好是光速，所以合理猜測光就是電磁波。但光有這個理論不行，你還需要更直接的證據。而最直接的證據，其實早就有了。早在一八〇三年，有個叫楊格（Thomas Young）的英國醫生做了一個非常著名的實驗，叫「楊氏雙縫實驗」（Double-slit experiment）。

楊格那時候沒有光線，得用蠟燭作為光源。他弄了一塊遮擋板，在遮擋板的中間開了兩條縫隙，燭光透過兩條縫隙之後，打在後面的屏幕上，會形成一片非常漂亮的條紋：明暗相間，迴圈很多次，非常有規則（圖 4-1、圖 4-2）。

你想在家裡重複這個實驗可不容易，因為兩條縫隙的間隔尺寸必須非常小，小到能和可見光的波長相比較才行——最多可以是幾個波長，但不能有幾十個波長那麼寬——否則不會有條紋。

如果光是像牛頓當年

圖 4-1 楊氏雙縫實驗 [17]

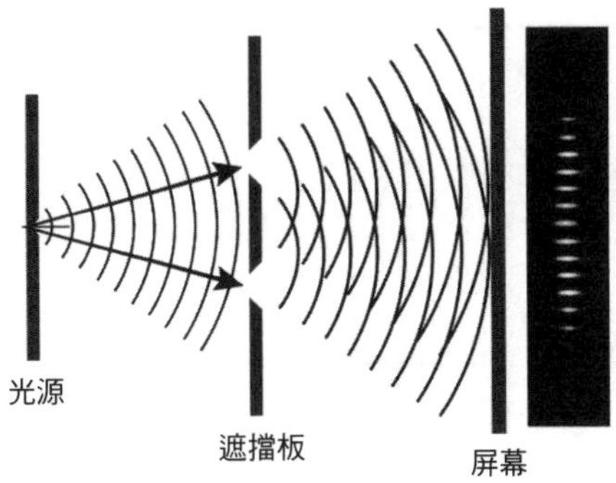

圖 4-2 楊氏雙縫實驗形成的條紋光斑 [18]

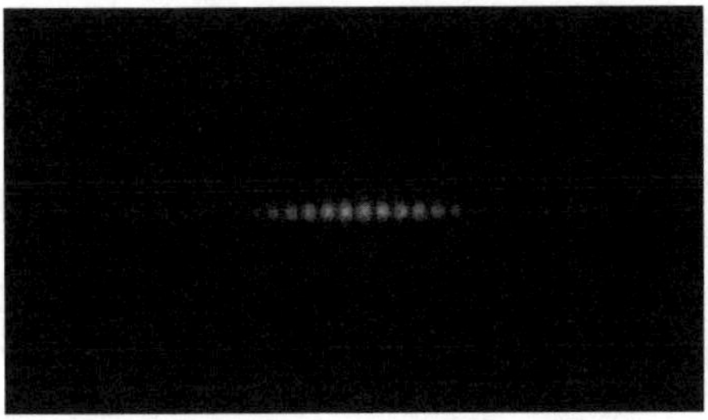

▌圖 4-3 相長干涉（左）和相消干涉（右）[19]

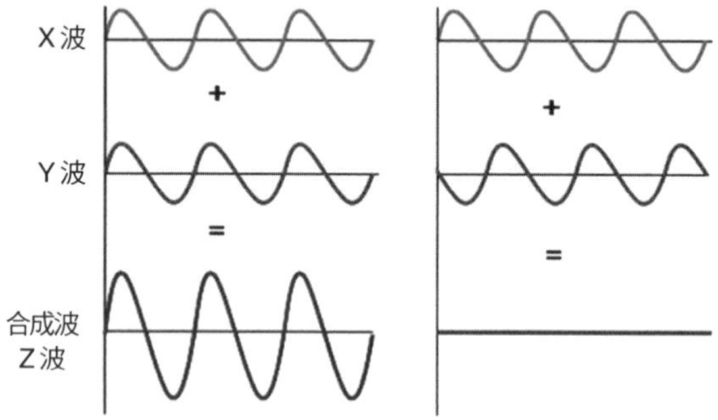

想的那樣，只是走直線的粒子，就如同連續發射的子彈，那你無論如何也得不到這種條紋，子彈只會集中打在縫隙的正前方。

但是如果你把光想像成某種「波動」，這個實驗結果就很容易理解了。我們用水波來打個比方，一個水波通過兩個孔出來，就在水面上形成了兩個水波。水波有波峰和波谷，兩個波的波峰或波谷正好疊加在一起就會加強，波峰和波谷正好相遇就互相抵消。光波也一樣，圖 4-2 的條紋，亮的地方是兩個波加強了，暗的地方是兩個波抵消了——這叫兩個波的「干涉」。

任何一種波都可以有干涉。波峰們在空間中出現的相對位置叫「相位」。在圖 4-3 中，這兩個波的形狀是完全一樣的，如果把它們的波峰和波谷對整齊——也就是相位一致——它們疊加起來就是一個加強到雙倍的波，這叫「相長干涉」（又稱「建設性干涉」）。如果兩個波的相位正好錯開半個波長，它們就會互相抵消，形成「相消干涉」（又稱「破壞性干涉」），波可以完全消失！

你用的降噪耳機，其實就是透過聲波的相消干涉來達到降噪效果的。怎樣讓一個聲音消失？答案不是遮罩它，而是製造對立的聲音去與它相互抵消。

這一切都很完美。根據光的波長和屏幕到雙縫的距離，干涉條紋哪裡明、哪裡暗，都能精確計算出來，理論和實驗完全吻合。所以光怎麼可能不是波呢？可黑體輻射和光電效應實驗明明又說光是粒子。粒子怎麼干涉呢？一個事物怎麼能「既是波，又是粒子」呢？

物理學家們還在糾結這個問題的時候，一個年輕人有了一個大膽的想法。

—•—

德布羅意是個法國貴族，在大學所學的是歷史，作為通訊兵參加了第一次世界大戰，回來之後打算拿一個理論物理的博士學位。

今天的物理系博士生很難了解物理學所有的前沿理論，因為有太多東西要學了。德布羅意趕上了年輕人建功立業的好時候，在讀博士期間就學習了相對論，了解了光量子學說，參與了光電效應實驗，還知道波耳原子模型裡的電子行為很怪異。

德布羅意的明悟是，電子行為這麼怪異，也許是因為電子也有波的一面。

一九二四年，德布羅意寫好了自己的博士學位論文。這篇論文只有十六頁，其中只說了一個思想：所有物質都有波動性。德布羅意提出了一個猜想的公式，說電子也好，質子或中子也好，不論是什麼物質，都滿足「波長等於普朗克常數除以動量」。其中動量等於質量乘以速度。即：

$$\lambda=\frac{h}{p}=\frac{h}{mv}$$

注意，這個公式自動包括了光子。根據狹義相對論，$E=mc^2$，光子有個等效質量 m，那麼 $p=E/c$；再考慮到波長（λ）乘以頻率（f）等於光速（c），代入德布羅意的公式正好是 $E=hf$，與普朗克和愛因斯坦的公式一樣。

所以德布羅意等於是提出了一個統一的物質「波」理論！

問題是，這只是一個猜想啊，博士論文評審委員會的老師們感覺這好像不太可靠，但又不敢輕易否定，就想找個明白人問問。他們把德布羅意的論文寄給了愛因斯坦。

這個觀念突破連愛因斯坦都沒想到，可愛因斯坦沒有排斥它。愛因斯坦回信說，德布羅意「可能揭開了大幕的一角」。德布羅意的論文通過了，但是在論文答辯過程中，評審委員會問德布羅意：能不能設想一個實驗來驗證這個公式呢？

你很難拿電子或者質子、中子做楊氏雙縫實驗，因為實驗要求縫的尺寸必須和波長相當，而一個粒子只要有質量，它的動量就比光子大得多，波長就比光子短得多，當時的實驗技術條件根本做不到如此精細的雙縫。但德布羅意想到了一個方法——晶體散射。

當時已經有人做實驗發現，把X射線——一種波長非常短的光波——照射到晶體上，也會產生干涉花紋（圖4-4）。晶體的原子排列得非常整齊，等於是形成了一個週期性、有很多條縫的網格，X光經過這個網格，就會發生干涉。

圖 4-4　X 射線的晶體干涉圖像[20]

圖 4-5　電子通過矽晶體形成的干涉圖像[21]

德布羅意說，也許有些晶體的結構尺度非常小，能和電子的波長類比。結果一九二七年就有人把實驗做成了。圖 4-5 就是電子打在矽晶體上的干涉圖像。

算一算矽原子之間的距離，算一算電子的波長，絲毫不差。德布羅意用他的博士學位論文拿到了一九二九年的諾貝爾物理學獎，青史留名。

值得一提的是，證明電子波動性的幾位實驗物理學家獲得了一九三七年的諾貝爾物理學獎。其中一個獲獎者叫喬治．湯姆森（George Paget Thomson）——當然他用的不是晶體散射，而是另一個方法——他是誰呢？就是我們上一章提過那個發現電子的約瑟夫．湯姆森的兒子。這父子倆一個因為證明電子是粒子拿了諾貝爾獎，一個因為證明電子是波拿了諾貝爾獎。

所以電子真的是波。物理學家最愛做的事情就是「看破紅塵」——搞個統一理論，說明看似完全不同的兩個事情其實是一回事。德布羅意做到了這一點，他說電子和光子其實是一回事。

其實我們與電子和光子也是一回事。任何物質都有波的一面。那為什麼我們在日常生活中感受不到波動性呢？因為普朗克常數是個非常小的數字，與它相比，我們的質量太大了。比如有個質量為三公斤的保齡球，以每秒十公尺的速度運動，根據德布羅意的公式，它的波長是10^{-35}公尺，你完全探測不到這樣的波動。

那你說我的體重雖然大，我的速度小一點行不行？比如我動也不動，我的速度是零，我的波長不就變大了嗎？答案是不可能的，量子力學不允許任何東西的速度是零。

任何物質都「既是波，又是粒子」，這就叫「波粒二象性」。這個詞說著容易，但是我們仔細想想，「既是波，又是粒子」是什麼樣的行為呢？如果電子就是一個點，它怎麼個「波動」法呢？難道說它是沿著「之」字形路線，像波一樣扭來扭去地前進嗎？那是不可能的。那樣的波動會有很多急轉彎，每一次轉彎都是加速運動，都會輻射能量，電子受不了。更何況那種波動的運動速度會超過光速，違反相對論。

那如果電子根本就不是一個點，而是一片「波動的雲」，為什麼我們每次都剛好捕捉到一個點呢？從雲到點，這個瞬間的變化是如何發生的呢？

更不可思議的還在後面。

一九六一年，物理學家終於用電子做成了楊氏雙縫實驗（圖4-6）。

物理學家甚至做到了每次只發射一個電子。結果累積的電子多了以後，屏幕上也顯示出了干涉條紋（圖4-7）。

▍圖 4-6 電子楊氏雙縫實驗[22]

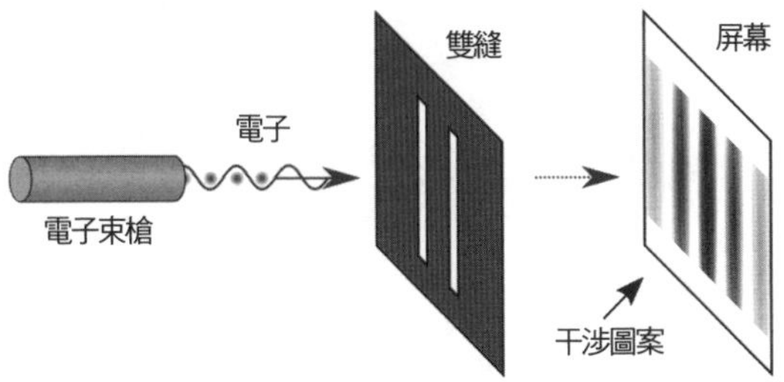

▍圖 4-7 電子累積顯示出干涉條紋[23]

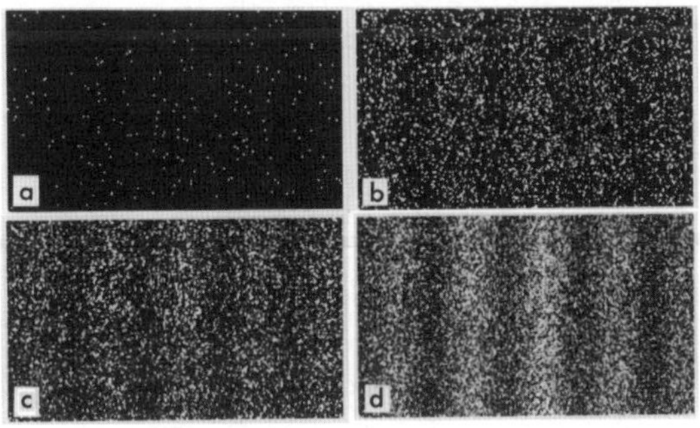

我們前面說了，所謂波的干涉，是從兩條縫中出來的兩個波互相疊加的結果。那一個電子怎麼干涉呢？

唯一的可能，是這個電子同時通過了兩條縫，自己和自己發生了干涉。至於一個電子如何能同時通過兩條縫？你怎麼想都不對。我們後面還要繼續探索這個波到底是什麼波，你會發現，「波」這個概念並不能概括量子力學的本質——哪怕沒有空間意義上的波動，也可以有干涉。「波粒二象性」其實是個臨時性的詞。不過我們還是先專注於空間上的波動性。

德布羅意有公爵的爵位，家裡本來有錢有勢，但他一生鑽研學問，未曾結婚，只有兩名忠心耿耿的隨從，深居簡出，不置資產，只愛工作。德布羅意不但很早就成名，而且一直活到了九十五歲。他和愛因斯坦一樣，至死拒絕接受量子力學的主流解釋。

問與答

Q 讀者提問：

如果說一切波都是粒子，那就等於說波是一種物質，既然是物質就是有形的實體……如果聲波是粒子的話，那它就應該在從聲源發出後直接跑進人的耳朵，但粒子是如何同時跑進無數人的耳朵的呢？

A 萬維鋼：

請注意，我們可沒說「一切波都是粒子」！聲波和水波都不是粒子，而是一種運動模式。水波是水的震動，聲波是空氣的震動，水和空氣是它們的介質。聲音帶動了人耳朵內的空氣震動，而不是聲波粒子跑進了人的耳朵。

但量子力學裡的「波」並不是任何介質的運動。我們後面會講到，它是「機率波」。光波的本質也是量子波動，沒有介質，不是聲波、水波那種。

Q 讀者提問：

一個電子一個電子地發射，累積多了也會產生干涉條紋。這個電子打在屏幕上會殘留嗎？是不是有的電子走了左邊，有的走了右邊，疊加之後出現的干涉呢？

A 萬維鋼：

干涉條紋正是電子打在屏幕上的痕跡所形成的。干涉現象本身與電子多少沒關係，只是你一定需要很多電子，屏幕上才能出現宏觀的圖案，才能看出來有干涉條紋。

那為什麼不是有的電子走左邊、有的電子走右邊形成的圖案呢？因為那樣的話不會形成干涉！別忘了，干涉是左右兩邊的波疊加的結果。

條紋中暗的地方，是兩邊的波因為波峰和波谷相遇，正好互相抵消形成的——不是相加，是抵消。如果一個電子已經打在屏幕上變成了屏幕上的一個點了，另一個電子再打過來，怎麼也無法與它抵消。只有波和波能抵消。

這種走左邊或者走右邊的情況，就如同用機關槍掃射兩個大門，你只會在門後的牆上看到兩大堆彈痕，而不會看到干涉條紋。

要想形成干涉條紋，必須是左右兩個縫同時出來一個波才行，而這就意味著電子必須同時通過這兩個縫。哪怕你每次只發射一個電子，也必須是同時通過。

第 5 章

海森堡論不確定性

你可以用測不準原理解釋一些很怪異的現象。……甚至可以透過控制某一方面的不確定性，去改變另一方面的不確定性。

二十一世紀的物理學家要想做出諾貝爾獎級別的工作是非常困難的，可能要到四十歲以後才有機會。得鑽研現成的理論和高深的數學技巧很多年，才能摸到一點門道；要想達到遊刃有餘的水平，乃至找到別人沒想到的重大突破點，不知又要摸索多少年。

而量子力學，卻是年輕人的科學。

用現在時髦的話來說，海森堡可謂量子時代的原住民。他出生於一九〇一年，那時候普朗克已經把黑體輻射量子化了。海森堡二十歲剛出頭就跟隨波耳研究最新的量子理論，他發明了矩陣力學來描寫量子過程，不但拿到了一九三二年的諾貝爾物理學獎，而且是量子力學主流解釋的主要人物。

年輕氣盛的海森堡，為物理學的研究方法提出了一個指引。

海森堡說，電子有時候表現得像是粒子，有時候表現得像是波。它到底是什麼，我們無法想像，也沒必要想像。你應該關心的是可測量可測量的東西。至於電子的「軌道」到底是什麼樣子、它如何從這裡「走到」那裡等，其實都是不可測量的。

想要畫出電子的路線圖，你必須在每一個時刻都同時知道電子的位置和速度（也就是知道動量，$p=mv$）——而海森堡說，這是不可能的！你不可能同時精確地知道一個電子的位置和動量。

海森堡是這麼論證的：要想知道一個電子在哪裡，你就得用光去照一照它。光的解析度取決於其波長，波長愈短，解析度就愈高，探測就愈精確。所以想要精確地測量一個電子的位置，你就得用波長非常短的光。而根據光量子理論，波長愈短頻率就愈高，頻率愈高光子的能量就愈高。你的測量就實際上是用高能量的光子去打這個電子，你會把電子給打飛。也就是說這個高能光子帶來的衝擊，會掩蓋電子原來的動量。

反過來說，如果想要精確測量電子的動量，你得用能量比較低的光子去撞擊它，而這就意味著那個光子的波長比較長，你便不能準確判斷電子的位置。

總而言之，位置的測量誤差和動量的測量誤差有一個取捨關係，它們不可能都很小。

海森堡的這一番解釋當然有道理。今天你仍然會看到有些量子力學教科書，有些大學老師用這番解釋說明量子力學的不確定性。但是我可以負責任地告訴你，這個解釋還不夠徹底，還不夠革命。

光子頻率這個解釋是說你「測不準」，因為要想測量一個東西，就不得不干擾這個東西，是測量手段本身的悖論。那你可能會問，如果我是全知全能的上帝，如果能在不干擾電子的情況下感知到電子，就應該可以測準，對吧？

不對。包括海森堡本人後來也承認，量子力學的真正觀點不是「測不準」，而是「不確定」。

不是你的能力問題，是電子的本性問題。電子根本就不能同時擁有確定的位置和動量。不論是什麼東西，電子也好，光子也好，宏觀物體也好，它的位置不確定性（Δx）和動量不確定性（Δp）都滿足這個關係[24]：

$$\Delta x \cdot \Delta p \geq \frac{h}{4\pi}$$

也就是說，位置和動量永遠都有一個最小的、受到普朗克常數限制的不確定性。不是你測不準，也不是你看不見，而是電子根本就沒有確定的位置和動量，電子的行為有一種內在的不確定，它永遠都是模糊的。

這個原理叫「海森堡測不準原理」（Uncertainty principle）。

—•—

上一章說的電子楊氏雙縫實驗中，電子最終打在屏幕上的位置很有規律，會形成有暗有亮的條紋。那請問，你能精確地預測一個電子會打到屏幕的哪個位置嗎？

在古典物理學中，我們把電子想像成一個小球，只要知道小球通過雙縫這個時刻的位置，以及橫向和縱向的速度，你就能精確計算它在屏幕上的落點。但是在量子力學中，因為測不準原理，電子根本就沒有精確的位置和速度，這樣的預測是不可能的。

事實上，哪怕你無比小心地操作實驗，確保對這一個電子和對上一個電子的發射動作完全一樣，它們兩個的落點也會不一樣。電子就好像有自己的個性一樣，不接受你的精確控制。

測不準原理不僅僅是一個統計規律，而是一個關於量子世界的本質的論斷。我們甚至可以說它的優先順序高於量子力學的其他所有定律。你可以用測不準原理解釋一些很怪異的現象。

比如說，我們看一個單縫實驗。

在遮擋板上鑽一個很小的小孔，然後讓一束光穿過小孔，照射在遮擋板後的屏幕上，你猜會出現什麼情況？

這可能會讓你想起中學學過的「針孔成像」。你預計屏幕上會出現遮擋板另一側的圖像，說明光走直線，但是針孔成像中的那個針孔其實開得很大。如果針孔的直徑減小到只有光的幾個波長，你會看到屏幕上出現非常漂亮的環狀條紋。中間是個最亮的光碟，周圍是一圈暗紋，然後再是一圈亮紋、一圈暗紋，一環套一環，逐漸變淡（圖5-1）。

圖 5-1 光的繞射圖像[25]

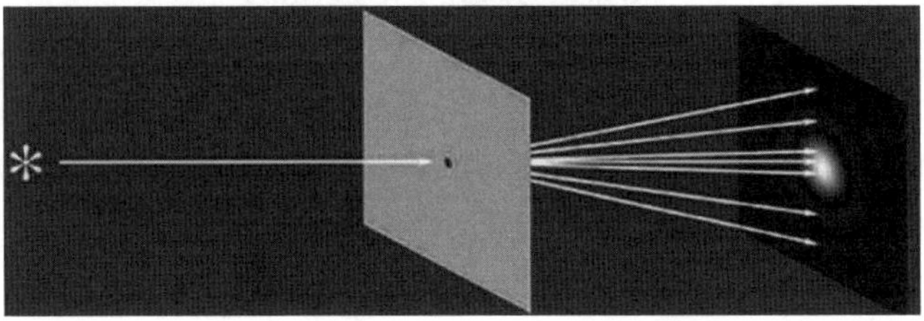

這個現象叫「光的繞射」。條紋是光波從針孔中間的不同位置出發，到達屏幕時互相干涉的結果。

這個實驗的有意思之處，是針孔的直徑和屏幕上繞射條紋的關係。如果針孔的直徑很大，比如說相當於二十個波長，那麼你拿一束光線照過去，屏幕上基本就是一個光點，沒有什麼繞射條紋（圖5-2）。這時光老老實實地走直線，簡單明瞭。

針孔的直徑愈小，繞射條紋就愈明顯，而且愈寬廣。比如針孔直徑是兩個波長，你就會看到非常大的繞射條紋，光不再走直線了！

圖 5-2　針孔直徑（α）相當於兩個和二十個光波波長（λ）時，屏幕上的繞射條紋分布情況[26]

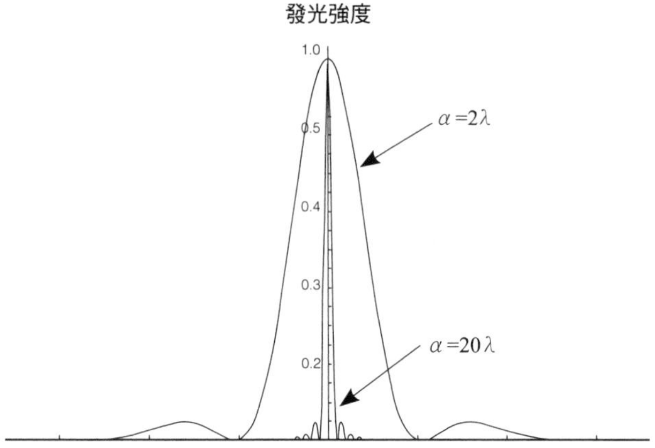

站在光子的視角來看，這個現象很不尋常。孔愈大，對光的約束就愈小，光子非常自由，反而老老實實地走直線；孔愈小，對光的約束愈大，光卻往四周擴散。怎麼會是這個樣子呢？

你的直覺可能會認為是針孔的邊緣對光子產生了干擾。也許當光子路過針孔的時候，被邊緣給撞了一下，發生了散射。但這個解釋是不對的。如果是因為光子被撞飛了而產生散射，光子在屏幕上的落點應該是完全混亂的！你不會看到那一環一環漂亮的繞射條紋。再者，不僅光子存在繞射現象，電子、質子都會發生繞射，而光子、電子、質子和遮擋板材料發生電磁交互作用的機制是完全不同的。

單孔繞射實驗真正揭示的，是海森堡測不準原理。

如圖5-3所示，我們把垂直於光前進的方

圖 5-3 單孔繞射實驗的原理㉗

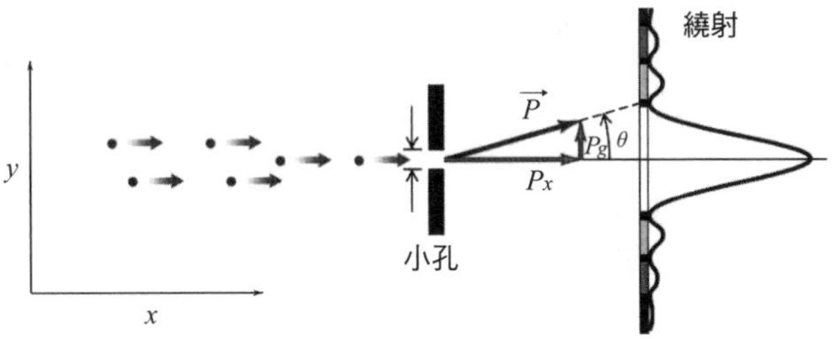

向設為 y 方向。針孔比較小的話，光在通過針孔的時候，在 y 方向上的不確定性 Δy 就小；孔比較大的話，Δy 就大。

而根據測不準原理，位置不確定性小的時候，動量不確定性就大。在 y 方向上有一個比較大的 Δp，就意味著光子多了一個垂直方向的速度，也就是它會一邊往前飛，一邊往邊上飛，所以才有可能飛到屏幕中心以外的地方去，為那裡的繞射條紋做出貢獻；而如果針孔大，就等於說光子的位置不確定性大、動量不確定性小，它沒有垂直方向的速度，就會老老實實地往前飛，那麼屏幕上也就沒有繞射光環了，只在中心處有個光斑。

換句話說，根據測不準原理，你甚至可以透過控制某一方面的不確定性，去改變另一方面的不確定性。

根據測不準原理，世界上沒有絕對靜止不動的東西。這是因為如果一個粒子的速度是絕對的零，那它就沒有動量的不確定性，那麼它的位置不確定性就必須是無窮大，它就必須同時出現在宇宙中所有的地方。事實上，哪怕是在溫度是絕對零度的條件下，粒子也會有一些微小的震動。

測不準原理說明，所謂「電子軌道」，根本就沒有意義。大家心目中的原子常常是圖 5-4 所示這個樣子——中間有個原子核，外面有幾個電子沿著固定的軌道旋轉，就好像行星

圖 5-4 想像中的原子結構[28]

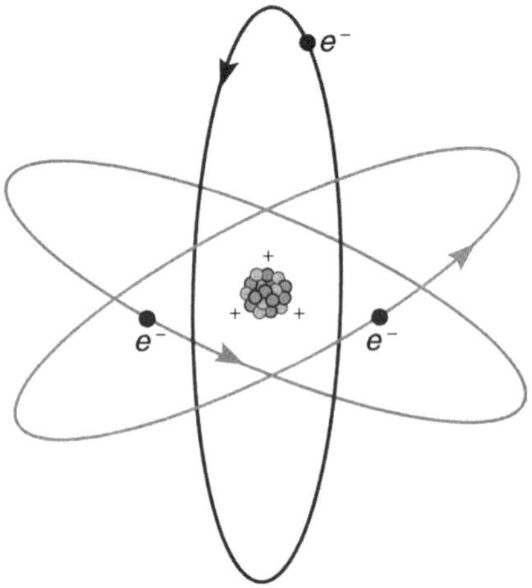

圖 5-5 真實的氦原子結構[29]

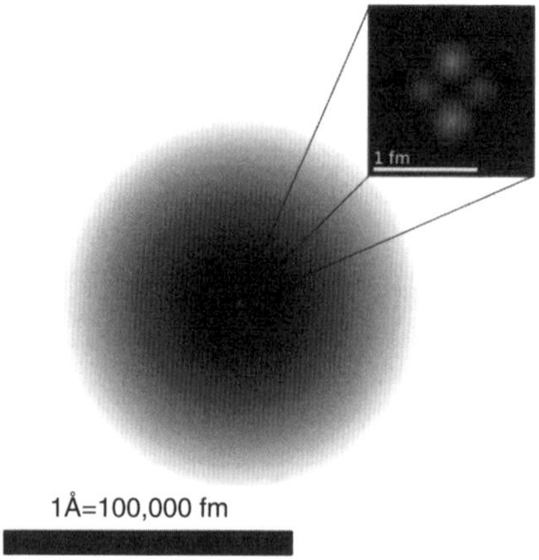

繞著太陽轉一樣。這也是拉塞福想像的原子，而這個圖像是錯誤的。真實的原子，差不多是圖5-5這個樣子——電子沒有確定的位置，它同時出現在原子核之外的各個地方，呈現出來的狀態是一片「雲」。其實連中間那個原子核也是雲。

那為什麼在日常生活中，我們可以精確地知道一個東西的位置和速度呢？那當然是因為普朗克常數是一個很小的數字，和宏觀世界的尺度相比，那一點不確定性微不足道。

量子力學中，除了位置和動量這一對，還有能量和時間這一對，也滿足同樣的不確定性關係。

圖 5-6 氫原子光譜中的譜線

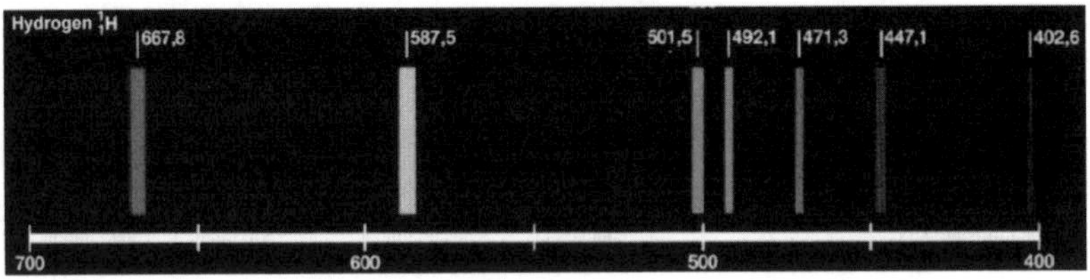

$$\Delta E \cdot \Delta t \geq \frac{h}{4\pi}$$

比如圖5-6氫原子的光譜，仔細看的話，會發現那些譜線並不是很精確的細線，而是有一定的粗度，有一定的模糊性，這是為什麼呢？根本原因就是電子在不同能階之間的躍遷並不是真正暫態的，有一個時間的不確定性，而這就對應著輻射光子能量的不確定性，也就意味著波長的模糊性。

再比如說，根據相對論，質量和能量是等價的，所以能量的不確定性就意味著質量的不確定性。現代物理學告訴我們，很多粒子的壽命都是有限的，可能存在很短的時間就會衰變成別的粒子——而這種粒子的存在時間的不確定，決定了它們的質量也有不確定性，你不可能絕對精確測定它們的質量。

那為什麼我們精確知道質子和電子的質量呢？因為它們很可能根本就不會衰變！它們的時間不確定性是無窮大。

所以「不確定」是量子世界的本質。海森堡要求我們專注於那些能測量的東西，坦然接受測量結果的不確定性。

但你可能還是忍不住想問，在我們沒有測量的那段時間，電子到底經歷了什麼呢？就好像有一位美麗的女同事，你每次見到她都是在上班的時候。你覺得那不是真正的她，你忍不住猜測她不上班的時候是什麼樣子，你覺得你還可以進一步了解她。

而我不得不說，這個問題你怎麼想都不會想明白——如果真的存在一個關於電子的「客觀現實」，那個現實很可能在人類的理解能力之外。事實上，我們一直到今天也只是知道電子的一些性質性質而已，我們並不知道電子到底到底是個什麼東西。

海森堡的理論規定，我們和電子只有工作關係。

問與答

讀者提問：

迴旋加速器能夠將電子加速到很大的速度，電子從低速到高速的加速過程，直到被射出迴旋加速器，也就是動量愈來愈大的過程中，科學家可以好好地控制其位置，並且還可以把電子當子彈，射向其他待研究的粒子。迴旋加速器加速的過程中，電子這顆「子彈」的位置似乎是可以精確地知道的，要不然速度大了，動量大了，位置不確定了，就沒辦法用它做研究了。這是怎麼回事？

Q

讀者提問：

如果電子和原子核都是「雲」，怎麼解釋金箔撞擊實驗呢？

Q

讀者提問：

電子和原子核都是不確定的，但是它們組成的原子是確定的嗎？

A

萬維鋼：

這些問題說的其實是同一件事：不確定性的「度」在哪裡。測不準原理是個量化的原理，我們再看一眼它的公式：

$$\Delta x \cdot \Delta p \geq \frac{h}{4\pi}$$

它並沒有說電子的動量或者位置具有無限大的不確定性，它說的是動量不確定性乘以位置不確定性，這個乘積，不能比普朗克常數除以4π更小。而普朗克常數是一個非常非常微小的數字。

在迴旋加速器和用α粒子轟擊金箔的實驗中，粒子的動量都已經很大了，一點點的誤差都會造成很大的動量不確定性，那麼對應之下，粒子位置的不確定性就可以是非常非常小的。高速的粒子就好像是宏觀的粒子一樣。

同樣道理，原子的位置不確定性也很小。這是因為原子中有若干個質子和中子，而質子、中子的質量是電子的一八三七倍——這就意味著在同樣的速度上，質子、中子的位置不確定性是電子的一八三七分之一。與電子相比，原子更像是宏觀的粒子；正如與光子相比，電子更像是宏觀的粒子。

而即便對於電子，我們說它的不確定性，也是在極其微觀的量子尺度上說的。我們在宏觀上完全可以說電子「精確」出現在哪裡：我手上的一個皮膚細胞中的水分子上有個電子。這個電子在哪裡？它就精確在我手上的一個皮膚細胞中的水分子上。

Q 讀者提問：

像《蟻人》（*Ant-Man*）這類電影裡變成了螞蟻大小的主角，是否可以觀察到原子呢？他可以觀察量子力學的世界嗎？

A 萬維鋼：

我們粗略地說，原子的勢力範圍直徑大約在10^{-10}公尺，人的直徑大約是一公尺。漫威設定蟻人的身高是一公分，我們姑且就當他的直徑是一毫米吧——也就是10^{-3}公尺。顯然蟻人離我們更近，離量子力學很遠。

蟻人感受到的物理效應會與我們很不一樣。比如他從高處掉下來不會摔傷，他很容易

▌圖 5-7　不同條數的細縫形成的干涉條紋結構

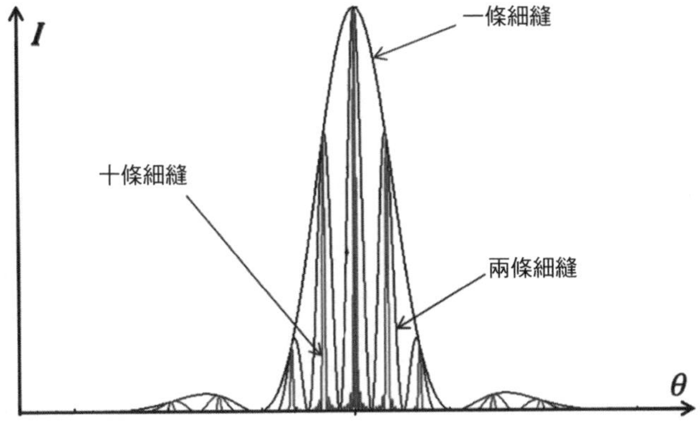

就能爬上牆，他會被風輕易吹飛……我在「精英日課」專欄講過傑弗里．魏斯特（Geoffrey West）的《規模的規律和祕密》（*Scale*）一書，不同尺度生物的生活方式很不一樣。但蟻人與量子力學沒什麼關係。

如果你想創作一部涉及量子力學現象的漫畫電影，可以考慮寫「病毒人」。病毒的直徑是 10^{-8} 到 10^{-7} 公尺，它能被分子尺度的熱運動推著到處走，它能非常實在地感受到光子打在身上帶來的疼痛，它眼中的原子很大……但嚴格來說它並沒有眼睛，因為它身上總共只有那麼多原子，根本不足以形成特別複雜的結構。

讀者提問：

光子單縫實驗中，光子雖然會發散開來，但為什麼還會有深淺不一的條紋呢？單縫沒有波的干涉啊？

A 萬維鋼：

單縫和雙縫沒有本質區別，也會形成干涉。單縫的干涉來自從縫的不同位置出發的光波之間的干涉。圖5-7表現得非常明白。

兩條縫或者十條縫的干涉條紋，都是單縫干涉條紋的「子集」。縫數增加，能獲得更多的精細條紋結構，這是因為縫數多，光波的出發位置所受到的限制就多，而干涉被別的位置掩蓋得就少。

第 6 章

薛丁格解出危險思想

愛因斯坦、德布羅意和薛丁格
雖然對量子力學做出了決定性的貢獻，
但並不願意接受「主流解釋」。這是為什麼呢？
可能與思想保守有關係，但以我之見，
這裡面還有一個講哲學與否的問題。

薛丁格稱得上是個多才多藝的人。他聰明過人，通曉多門語言，閱讀廣泛，精通文學和哲學，最喜歡的哲學家是叔本華（Arthur Schopenhauer）。我在第三章曾提過波耳動手能力差，做不了實驗，只好做純理論，薛丁格可不是這樣，他做過實驗物理研究，而且還精通數學。他參加了第一次世界大戰，回來後認為理論物理最有意思，很順利地就當上了理論物理教授。

薛丁格甚至寫過一本《生命是什麼？》（*What is Life?*）。他把這本書設定為可以給外行看的通俗作品，但是他在書中提出了關於基因遺傳機制的大膽猜想，等於是為生物學指引了方向。不過那都是後話。

按當時物理學家的標準來說，薛丁格直到中年都沒做出什麼一流的工作。他身體不太好，患有肺結核，動不動就得療養。而且還緋聞纏身，大家都知道他有婚外情。

一九二五年，薛丁格三十七歲這一年，他出場的時機終於來了。當時薛丁格在瑞士蘇黎世大學工作。他有個同事叫德拜（Peter Debye），也是一位名字進了教科書的物理學家。傳說有一天，德拜對薛丁格說，我看你最近也沒什麼事，聽說德布羅意有篇論文很有意思，連愛因斯坦都驚動了，你能不能去研讀一下，下次給我們做個報告。

這其實是物理學家的一個好傳統，到今天也是這樣。一個人是讀不來所有論文的，常常是指定一個人去讀懂一篇論文，然後講給本單位所有人聽。

薛丁格讀的正是德布羅意提出「物質波」（Matter waves）的那篇論文。薛丁格做了報告，德拜當場發表了一個評論。德拜說，德布羅意這玩意兒純屬兒戲。

德拜說，什麼叫物理學，你得有方程式才行。德布羅意憑空就說電子是個波，那這個波滿足什麼方程式呢？它的行為由什麼決定呢？沒有方程式，就不是正經的物理學。其他人都沒當一回事，薛丁格卻心中一動，想著我可以去弄個方程式。

薛丁格利用耶誕節假期寫了第一版方程式，緊接著在一九二六年發表了四篇論文，終於提出量子力學的波動方程式。其中最關鍵的發現是在他療養期間做出來的，據說當時他的情人就陪在他身邊，所以薛丁格的這個大發現被某些人稱為「遲來的情欲大爆發」。

我們來看一眼薛丁格方程式，這可是人類科學史上最重要的幾個方程式之一：

$$-\frac{h^2}{8\pi^2 m}\frac{\partial^2\psi(x,t)}{\partial x^2}+V(x)\psi(x,t)=\frac{ih}{2\pi}\frac{\partial\psi(x,t)}{\partial t}$$

普朗克常數 h 不意外地出現在方程式之中，m 是粒子的質量，V 是位能。這個方程式描寫了「波函數 $\psi(x,t)$」在不同位置和時間的變化。

這個方程式是怎麼來的呢？當然不是從天上掉下來的！薛丁格的思路其實非常自然，任何一個動力學過程都必須滿足能量守恆，這個方程式說的其實就是「動能加位能等於總能量」。

真正的硬功夫在於如何驗證你的猜想。薛丁格把氫原子的電位能代入到方程式之中求解……然後奇蹟發生了。

我們前面說了，波耳的原子模型是非常不完善的，有一種拼湊感。波耳無法解釋為什麼原子的能階必須是一個一個的。而現在薛丁格用這麼一個簡單的方程式解出來，說為什麼原子只有那幾個能階呢？為什麼電子軌道只有那麼幾個呢？因為這個二階偏微分方程式正好就有那幾個特徵值和固有函數——你可以忽略這句話裡的數學，簡單來說，就是能階和軌道精確地包含在這個方程式之中。

到這一步，薛丁格方程式必定是對的了。不過中間還有一些波折。海森堡和波耳當時已經搞了一個「矩陣力學」，一上來就是全量子化的，他們不相信波函數能連續變化。波耳把薛丁格請到哥本哈根演講，海森堡幾乎當場翻臉。波耳不停地勸說薛丁格，說你這個波肯定不對，「薛丁格，你必須理解……」一連說了好幾天，把薛丁格都說到住院了。波耳讓自己的妻子給薛丁格送飯，妻子到醫院後，發現波耳還在薛丁格的病床前說：「薛丁格，你必須理解……」

薛丁格得到了一九三三年的諾貝爾物理學獎，與他一起得獎的是後面即將出場的另一位厲害人物，狄拉克。後來正是狄拉克最終證明薛丁格的波動方程式和海森堡、波耳的矩陣力學是相容的。

—•—

有了薛丁格方程式，我們就可以精確地知道波函數在任何時間、任何位置的數值。雙縫干涉也好，單縫繞射也好，原子的能階也好，都可以用波函數計算出來。德拜說得對，有方程式與沒有方程式是真不一樣啊！現在我們對量子世界真是有了一種掌控感。

但是直到這時候，薛丁格仍然不知道波函數到底是什麼東西。

這個感覺簡直就是量子力學給物理學家的詛咒——你會算，你會用，但是你不知道它是什麼。其實我們前面說的普朗克和波耳他們做的事也是這樣，先有了數學，然後再去尋找物理意義。

波函數到底是什麼呢？薛丁格方程式中有個虛數 i，解出來的波函數不是實數，而是一個複數。而複數是無法測量的。我們生活的世界是一個實數的世界。說「這裡的波函數的數值是 $1+2i$」，這算什麼意思呢？

後來還是德國物理學家玻恩（Max Born）提出了一個解釋——波函數絕對值的平方，等於粒子出現在那個時間和那個地點的機率。

沒有被觀測到的粒子就好像是一片雲，它可以「既在這裡，又在那裡」，但是它在各個位置被發現的機率並不是一樣的。現在有了波函數，我們可以說，波函數在一個地方的絕對值愈高，粒子在那裡被發現的可能性就愈大。如果波函數在這裡是零，粒子就絕對不會在這裡出現。

這個解釋叫「玻恩解釋」（Born rule），它與實驗結果完美符合。很多人相信波函數包含了一個量子系統所有的物理資訊。

但是這裡面有兩個大問題。

第一個大問題是，玻恩解釋等於宣布量子力學只是關於機率的科學。

薛丁格方程式只能告訴你波函數，而波函數只能告訴你機率。你可以用薛丁格方程式計算一個電子出現在屏幕上任何一個小區域內的機率是多少。如果你的計算結果說電子出現在這裡的機率是〇・一%，而你在實驗中用了一百萬個電子去轟擊，那麼就會有大約一千個電子落在這裡——這個機率是絕對精確的。但是，你能知道的，也只有機率。

要是你說，我現在只發射一個電子，想預測這個電子會落在哪裡，這行不行呢？不行，量子力學只會算機率，而且根據海森堡測不準原理，對單個電子來說，根本就沒有什麼「哪裡」這種說法。波動方程式自動兼容測不準原理。

對很多物理學家來說，只能算機率可太難受了。物理學原本是一個確定性的科學，好比你打撞球，只要精確知道那顆球此時此刻的速度和位置，精確知道它的周圍環境，就可以精確地計算它在未來每時每刻的速度和位置。當然絕對的精確是做不到的——但那只是技術問題——古典物理學在原則上，沒有任何不確定性。

可是現在量子力學等於說不確定性是個內在的性質。為什麼這個電子在這次實驗中打到了屏幕的這個位置，而不是那個位置？是被風吹了一下嗎？是什麼神祕的「天地氣機」[30]影響的嗎？反正總要有個理由吧？電子不可能有自由意志吧？它不能無緣無故地做出這樣的選擇吧？

用愛因斯坦的話來說，就是「上帝不會擲骰子」吧？

古典世界裡任何事情的發生總有前因後果，但是在量子世界裡，電子的具體落點這件事，沒有任何理由。機率的大小有理由；機率是否落實，沒理由。

也許上帝就只會設定機率，波耳要愛因斯坦「不要告訴上帝該怎麼做」。

第二個大問題是，波函數是一個十分怪異的存在。

波函數可以讓你精確計算干涉和繞射之類的現象，你覺得波函數必定是一個真實的東西。但想想這過程——一個在空中「飛行」的電子，當它還沒有打在屏幕上的時候，你知道它在附近是無處不在的，它的波函數在附近各個地點都有一定的取值，波函數很實在。

可是一旦當電子打在屏幕上，它的位置就固定了，而在周圍其他位置，波函數瞬間就都變成零。這叫「波函數塌縮」。電子從一個「波」，塌縮成了一個粒子。

那請問，在這個塌縮的過程中，波函數發生了什麼呢？

本來是全域的，現在突然變成了一個點。這個過程是非定域性的，是突然發生的，是不可逆的，是不連續的。你不覺得這太突兀了嗎？世界上有什麼東西，會突然間在各個地方消失？一個真實的物理存在怎麼能產生這樣的行為呢？

物理學家總是認為什麼事情都應該是逐漸、連續變化的，這種突變太怪了。薛丁格就非常不喜歡像氫原子的電子能階躍遷那樣的突然變化。他有一次與海森堡和波耳爭論的時候說：「如果量子躍遷這種東西繼續存在，我就很後悔自己參與了量子力學！」

—•—

回顧這段歷史，我們看到波耳、海森堡和玻恩這些人很容易就接受了量子力學，他們代表「主流」。因為這些人物都聚集在丹麥哥本哈根大學波耳的麾下，量子力學的這個主流解釋也被稱為「哥本哈根詮釋」（Copenhagen interpretation）。

而普朗克、愛因斯坦、德布羅意和薛丁格雖然對量子力學做出了決定性的貢獻，但並不願意接受「主流解釋」。這是為什麼呢？

可能與思想保守有關係，但以我之見，這裡面還有一個講哲學與否的問題。

如果你是工程師思維，做事只看結果，那麼量子力學已經能給你提供足夠好的結果了。沒有誰需要精確預測單個電子的位置。做實驗都是用一大堆粒子，量子力學描寫粒子集體行為非常精確。物理學家有句話叫「Shut up and calculate」，意思就是別想那些沒用的，算就對了。

但有的人自帶一點哲學家思維，他們非得想一想。這一細想，那個本質的不確定性和突然間的波函數塌縮，就太難讓人接受了。所以說哲學有時候也真是害人，思考帶給你的並不總是快樂，還可能有無盡的痛苦。

不管怎麼說，薛丁格方程式完全打開了量子力學的大門。物理學家們走進大門，立即發現了各種各樣神奇的事情。

問與答

Q 讀者提問：

薛丁格方程式的解「$1+2i$」，它的絕對值平方如何表示機率呢？感覺這個數算出來就大於一了啊。

A 萬維鋼：

真實計算的時候，解完方程式還要來個「歸一化」的處理，確保各地機率加起來的和等於一。薛丁格方程式本身並不在乎波函數的絕對值是大是小，把波函數擴大或者縮小多少倍，它還是方程式的解。方程式只在乎各個地區的波函數的相對大小關係。

而且因為波函數是個連續的函數，我們真實計算機率的時候，不能說「電子出現在『$x=1$』這個點的機率」，只能說「電子出現在『$x=0.999$ 到 $x=1.001$』這一小段空間的機率」，而後者需要對波函數的絕對值的平方求積分。當我們談論「位置」的時候，我們實際上談論的是一段區間，而不是一個抽象的點。

Q 讀者提問：

雙縫實驗裡打在屏幕上的電子，可被認定是電子的波函數塌縮後得到確定的「位置」，那麼，電子是被屏幕吸收了嗎？如果有可能再捕捉到這個電子，它的不確定性還在嗎？簡單問就是……一個任意量子波函數塌縮後，還有可能回到原來的機率疊加態嗎？

A **萬維鋼：**

是的，電子和屏幕上的感光物質發生了反應，形成了一個光斑，等於是被屏幕吸收了。從微觀角度看來，電子接觸到屏幕那一刻，就等於是進入了下一個物理過程，前面那個自由飛行的過程就結束了，所以波函數必須發生改變。

我們如果把屏幕當作宏觀的物體，就可以說電子原來的波函數已經塌縮了，或者說已經死了，不確定性消失了，它無法再回到原來的疊加態了。

如果你不這麼看，比如把屏幕也當作一個量子力學尺度上的設備，感光過程也是量子過程，那就什麼都是可逆的，波函數只是要改寫而已，不確定性只是更新，而不是消失。

但光斑的出現是個非常宏觀的事件——能讓肉眼看到——說明有大量的微觀粒子參與了這個過程。那麼這就是個熱力學事件，微觀可逆，可是宏觀上逆轉的可能性非常非常小。如同玻璃杯摔在地上會碎，但碎玻璃不太容易自發聚集起來變成一個完好的杯子。

第7章

機率把不可能變成可能

也許真實世界中很多所謂的「不可能」，
其實都是機率極其小的意思。
我們其實是生活在一個機率的世界中，
每天都在「擁抱不確定性」。

有人說數學是物理學家的工具，是描寫大自然的語言，我覺得這麼說還不足以展現數學的厲害。你愈了解物理，就愈覺得數學不僅僅是大自然的語言，而且是大自然的法則。

如果數學禁止一件事發生，這件事就絕對不會發生。那如果數學允許一件事發生，這件事會發生嗎？從邏輯上來說它應該可能發生，也可能不發生。但是如果你相信一種更強硬的哲學，你也許可以說，只要數學允許一件事發生，這件事就一定會發生。

這一章我們來見識一下數學的威力。薛丁格方程式可以完美地解釋氫原子的能階，但是好的理論必須不但能解釋一些已知的現象，還要能預言未知的現象。最厲害的物理理論甚至會預言一些你絕對想不到的東西。你覺得那有點太離奇，不敢相信，但只要去驗證，就會發現居然是真的。

我們要做一件所有嚴肅學習量子力學的人，在學了薛丁格方程式後都必須做的事情。那就是用這個方程式來求幾個簡單的解。我會忽略所有數學細節，[31]你只要安心體會微觀世界的妙處就行。

我們把問題簡化，假設空間是一維的，只有x這一個方向。

我們首先考慮一種最簡單的情況，自由粒子。沒有任何東西會影響這個粒子，所以薛丁格方程式中的位能V等於零。這個方程式的解可以擁有任何能量。給定一個能量，波函數的形狀是一個所謂「平面波」。圖7-1表現了波函數ψ的實部、虛部和絕對值的平方。

波函數本身是一個標準的波動，它的波長由粒子的能量決定，再考慮到能量與動量的關係，正好滿足德布羅意的物質波公式。自由的粒子，是一個自由的波。

圖 7-1 波函數實部、虛部及絕對值的平方[32]

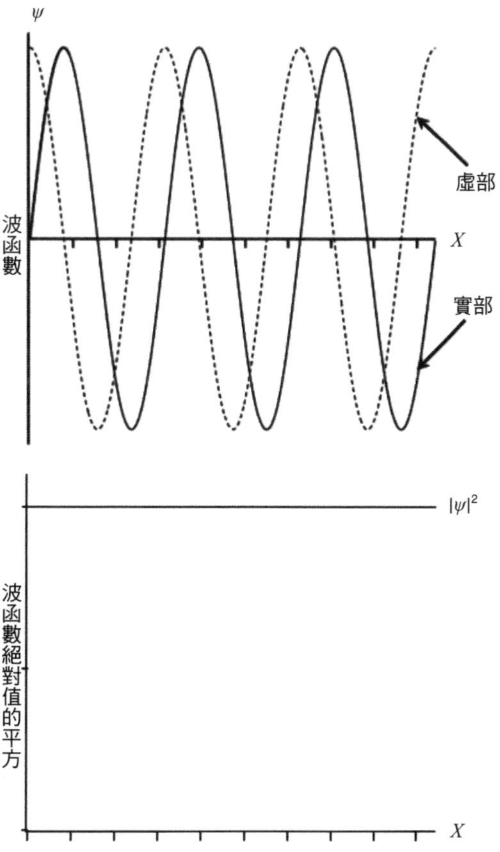

波函數本身是個波動，可是波函數絕對值的平方是一個常數。它在 x 空間中的每一點都是一樣的。上一章我曾提過，波函數絕對值的平方代表粒子在這個區域被發現的機率。所以這就意味著，這個自由粒子，出現在空間中各個位置的可能性都是一樣大的。這也符合海森堡測不準原理，因為給定了能量，就給定了動量，而既然動量沒有不確定性，位置的不確定性就必須是無窮大。這等同是說，在量子世界裡，絕對自由的粒子會同時身處世界所有地方；它是一片無處不在的雲，你在哪裡都有可能遇到它。

圖 7-2 不同位能形成的限制區域[33]

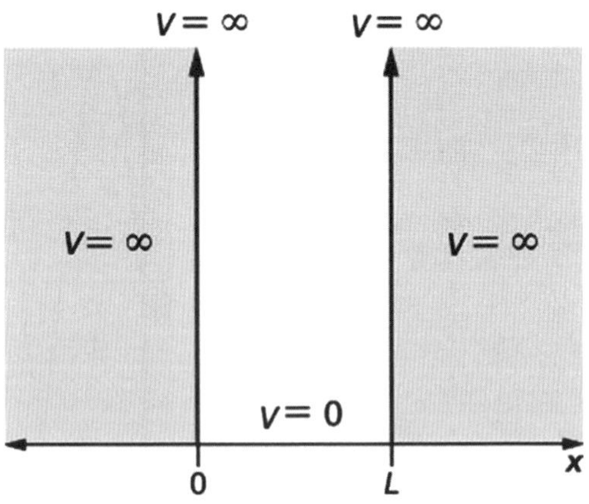

你體會一下這個意境——什麼叫自由？

當然絕對的自由是沒有的，人生充滿限制。我們再考慮一個絕對限制的情況：在一個區域內部，位能 V 仍然是零，但是在區域外部，位能 V 是無窮大，就好像用一個盒子把粒子給裝起來了，如圖 7-2 所示。

這時候在區域內，方程式的解仍然是平面波，在區域外無解，波函數在邊界上的取值必須是零。有意思的是，能階出現了。

數學上要求，雖然只有這麼簡單的限制，這個粒子的能量就不能是任意的。它只能從一些固定的能階中選取，$E1$，$E2$，$E3$……這樣從小到大排列。這就是為什麼氫原子是有能階的。特別是，其中最小的能階 $E1$ 不等於零。為什麼呢？因為測不準原理。現在粒子位置的不確定性變成有限大了，那麼它必然有一個動量的不確定性——它不能一動也不動。

量子力學不允許受限制的東西一動也不動。這就是為什麼哪怕是在無比接近絕對零度的情況下，粒子們也會動一動。

現在考慮一種最實際的情況：假設一個原本自由的粒子，被右邊的一面牆給擋住了。

圖 7-3 平面波穿牆前後的變化[34]

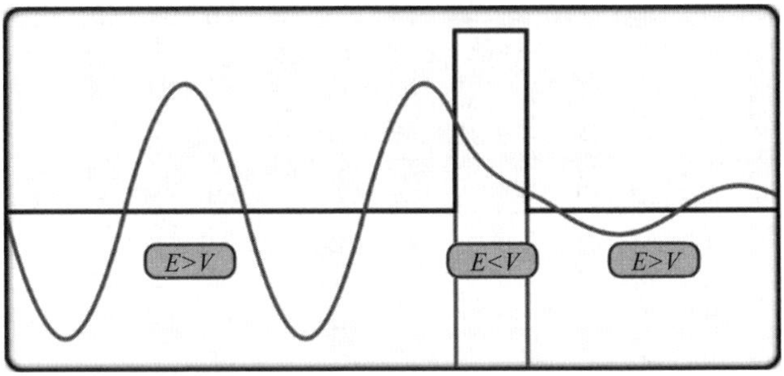

牆的位能 V 比粒子的能量 E 高，所以牆對粒子形成了限制。

在古典力學的世界中，粒子永遠都不可能穿越這面牆。否則穿牆的時候粒子的動能等於「$E-V<0$」，這怎麼回事呢？

但是在量子世界中，薛丁格方程式的解卻是圖 7-3 這個樣子的：波函數在牆的左邊是個正常的平面波，在經過牆的時候是個快速衰減的波——但它沒有衰減到零。在牆的右邊，它仍然是一個絕對值變小了很多的平面波。粒子可以穿牆。

當然，因為右邊波的絕對值平方會比左邊小很多，你在右邊發現粒子的機率肯定比在左邊小很多——也就是說穿牆的機率並不是很大。但，穿牆是可能的。

量子力學允許粒子穿過位能比它自身能量大的牆。這就相當於說，一個東西可以突破比它自己的能力大的限制。

這怎麼可以呢？

我們把以往的經過再整理一遍。薛丁格方程式只是薛丁格在「情欲大爆發」期間靈感來了所寫下的波函數方程式。薛丁格運氣好，這個方程式恰好能解出氫原子的能階。但是當時連薛丁格本人都不知道波函數是什麼東西，後來還是玻恩提出一個解釋，說波函數絕對值的平方代表機率。

這麼看的話，數學只是物理學家用的一個工具，甚至可以說是一個玩具。真實世界沒有任何理由必須聽從這個方程式，對吧？

那麼現在這個方程式得出了一個違背常識的解，應該怎麼辦呢？中學老師一定會告訴你：捨去那個解。

一九二七年，也就是薛丁格的論文發表不到一年，就有好幾個物理學家透過薛丁格方程式得到能穿牆的解。我們可稱之為「量子穿隧效應」（Quantum tunnelling），也叫「量子穿隧」。當時人們並不知道這有什麼意義。一九二八年，二十四歲的美籍俄裔物理學家加莫夫（George Gamow）說，不應該捨棄這個解。

因為量子穿隧對應的物理現象是真的。

加莫夫說，這個量子穿隧，能解釋為什麼原子核會衰變。我們知道原子核是質子和中子緊密結合在一起的一個核，那既然有一種力量讓它們結合得這麼緊密，為什麼有的原子核有時又能突然分裂呢？質子和中子怎麼突然就克服了那個讓它們結合的力量呢？比如 α

圖 7-4 α 衰變示意圖[35]

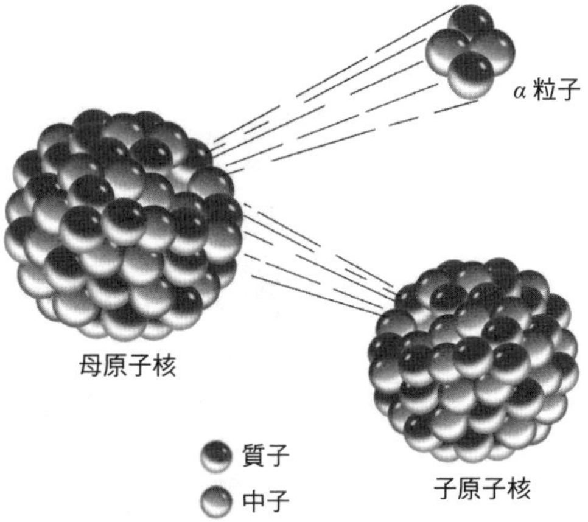

衰變，較大的母原子核透過釋放出一個 α 粒子（包括兩個質子和兩個中子），變成了一個小一點的子原子核（圖 7-4）。

質子、中子的動能比結合力的位能小，但是它們也能跑出來，這不就是量子穿隧嗎？加莫夫的計算結果正好符合衰變機率。玻恩一聽說加莫夫的工作，立即意識到量子穿隧應該是個普遍現象。

結果物理學家放眼一看，量子穿隧在自然界簡直比比皆是。

比如說核融合，是兩個比較小的原子核聚在一起，合成一個大的原子核，同時釋放大量能量。太陽之所以發光發熱，就是因為裡面在發生核融合反應。

但是我們知道原子核都是帶正電的，正電和正電互相排斥，那這兩個原子核要想克服這個排斥的電位能，本來必須要以非常高的動能發生碰撞才行，正是因為量子穿隧，核融合才能在溫度不算太高、動能不算太強的情況下發生——而按核融合的標準，太陽的溫度就不算太高。

換句話說，我們能享受太陽的光和熱，多虧了量子穿隧。

▌圖 7-5　掃描穿隧顯微鏡原理示意圖[36]

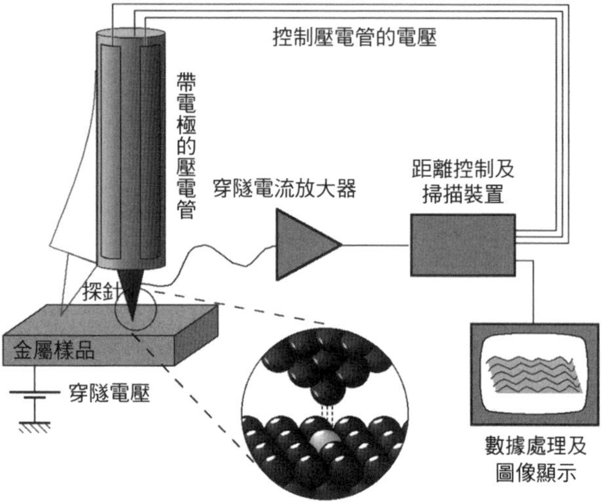

在生物學中，植物能夠發生光合作用，細胞能夠呼吸，DNA（去氧核糖核酸）能夠自我修復，都和量子穿隧有關。

量子穿隧最著名的一個應用，是在一九八一年發明的「掃描穿隧顯微鏡」（Scanning Tunneling Microscope，簡稱STM，圖7-5）。這種儀器能測量出原子尺度的結構。它的原理是用一根探針去接近一個金屬表面，探針和金屬表面之間有一個非常非常小的空隙，這個空隙就相當於一堵牆。金屬表面的電子本來是無法越過空隙和探針接觸的，但由於穿隧效應，電子有時候就能到達探針，探針就探測到了電流。

量子穿隧對牆的寬度非常非常敏感，金屬表面原子的高低排列哪怕有一點點的起伏，都會在電子穿牆的機率上有所展現，而這就意味著，掃描穿隧顯微鏡能看到原子的圖像，一排排原子清晰可見。

可是我們應該怎麼理解量子穿隧呢？

既然E小於V，粒子為什麼還能穿牆呢，難道說能量守恆定律在穿牆那一刻失效了嗎？你有兩種選擇，一個是認為量子力學可以違反能量守恆。對物理學家來說，這非常彆扭，我們非常相信能量守恆。

另一個選擇是，換個角度來理解這件事。我們知道能量和時間之間有一個測不準原理，隨著時間的推移，量子世界裡系統的能量可以有一個小小的漲落，ΔE。而$E+\Delta E$，可以大於V。只要嘗試的次數足夠多，不確定性總會有一次讓能量正好夠用，從而穿牆。

你選擇哪種理解都可以，重點是——量子穿隧是真實存在的。

我們可以暢想一下，如果粒子可以穿牆，那人是不是也可以呢？薛丁格方程式可沒說只適用於微觀粒子，人無非就是質量大一點吧？

把人的質量代入薛丁格方程式，理論上也有一個不為零的機率，人可以穿牆而過。但是那個機率實在是太小了。讓一個人以每秒鐘撞一次牆的頻率不停試驗，試驗到宇宙年齡那麼長的時間，也不會有一次成功。

不過這個假想的推導帶給我們一個啟發。也許真實世界中很多所謂的「不可能」，其實都是機率極其小的意思。我們其實是生活在一個機率的世界中，每天都在「擁抱不確定性」。理論上，只要數學允許，這個世界真的就像那句勵志口號說的那樣，「一切皆有可能」——只不過有些可能性實在太小了而已。

加莫夫在一九五六年加入科羅拉多大學，並且在那裡一直工作到一九六八年去世。科羅拉多大學物理系以加莫夫的名字命名了一座研究大樓，我在這棟樓裡工作過很多年，這也是我和量子英雄最近的距離。

問與答

Q **讀者提問：**

根據熱力學第二定律，宇宙最後會達到熱寂，能量不會再流動了。即使到那個狀態了，還是不會有絕對靜止的物體嗎？

A **萬維鋼：**

熱寂的意思不是溫度變成了絕對零度，而是溫度在各處都一樣。宇宙中所有星體都散開，到處漂浮著一些基本粒子。這樣的場景，並不代表就是絕對零度。「宇宙微波背景輻射」（Cosmic microwave background radiation，詳見第十四章）仍然在，光子們仍然在，原子們仍然在震動，只不過沒有什麼有意義的能量流動了。

作家王小波有一句描寫熱寂的話：「將來的世界是銀子的。」——這是因為銀子的導熱性能特別好，意思就是溫度到處都一樣。這個意境並不美麗，但是原子們仍然在動。

Q

讀者提問：

如果我們畫第一個圈，代表數學世界；畫第二個圈，代表真實世界。那麼，這兩個世界的圈彼此應該是什麼關係？是完全重合，還是相互包含？如果是相互包含，那誰包含誰呢？

Q

讀者提問：

常聽到人說，數學是一種精妙、可以用來抽象化地描述物質的符號。彷彿「先有物質，後有數學」。而文中又談到，狄拉克方程式透過數學，「要求」反物質的存在。感覺似乎又變成了「先有數學，後有物質」。如何理解這種看似「雞生蛋，還是蛋生雞」的關係呢？

A

萬維鋼：

真實世界這個圈很小，數學世界的圈很大，真實世界包含在數學世界之中。只要一種可能性在邏輯上沒問題，它就是數學世界的一部分，它就有可能——甚至可以說一定會——在某一個宇宙中發生；但是在我們的這個宇宙之中，它未必發生。

數學不存在「誕生」的問題——中國人沒發現畢氏定理的時候，畢氏定理難道就不存在嗎？畢氏定理並不是因為我們而存在的，它一直存在。就算世界上沒有人，甚至就算在宇宙起源之前，畢氏定理就已經存在了。邏輯的存在不需要時間。

我們這個宇宙中的所有物質都起源於大爆炸，而大爆炸本身的發生、包括此後的每一步動作，都嚴密地符合數學。

第 8 章

狄拉克統領量子電動力學

量子力學是表態的科學，

實驗是對不確定性的操弄。

狄拉克總是追求物理學的數學美。

二十世紀二、三〇年代，物理學的天空可謂群星璀璨。量子力學剛剛創立，微觀世界一下子出了好多地盤等著被人占領，那真是人人爭先，都想著建功立業、青史留名。

而且過了這個村，可就沒這個店了。等到二十世紀四〇年代以後，量子力學已經成熟了，再想有重大發現就愈來愈難了。所以有個著名的說法叫「當時二流的物理學家能做一流的工作，後來一流的物理學家只能做二流的工作」。

但是以我之見，參與創立量子力學的這些物理學家，可真沒有一個是二流的。他們是要頭腦有頭腦、要靈氣有靈氣、要思想有思想、要個性有個性的一代人……與他們相比，今天的科學家真沒有多少展現自我的機會，有些人與木匠和承包商差不多。所以千萬不要低估當時的天下英雄。德布羅意和薛丁格剛剛接力完成「量子波」的單點突破，各路英雄就迅速跟上，量子力學全面開花。

這其中最厲害的一位，以我之見，還要數狄拉克。

—•—

薛丁格方程式一出來，理論物理學家們馬上面臨兩個問題。一個問題是電動力學現在得改寫了。我們先前提過，馬克士威的舊理論裡面沒有光子，還認為電子有一個明確的軌道，那個軌道會輻射能量，這些明顯都不管用了。

另一個問題是，薛丁格方程式是個低能量方程式，它不滿足狹義相對論的時空觀。

物理學家迫切需要把電動力學、薛丁格方程式和狹義相對論統一起來，弄一個「量子電動力學」（Quantum electrodynamics）。

把這件事做成的主力人物，正是狄拉克。一九二八年，薛丁格方程式剛剛發表兩年之後，二十六歲的狄拉克就把量子電動力學的關鍵理論給做出來了。狄拉克得有多麼強悍的數學能力？

融合了相對論的波動方程式就叫「狄拉克方程式」。按照物理學家的常規操作，下一步就是看看這個新方程式能不能解出新的物理學。

狄拉克解出了兩個新事物。

一個是一九三一年，狄拉克發現方程式的解裡面，除了尋常的、帶負電的電子，還有一種質量和電子一樣，但是帶正電的物質，可以叫「正電子」。強勢的狄拉克說，既然我這個方程式裡有正電子，正電子就應該存在。

結果僅僅過了一年，美國的實驗物理學家就發現了正電子。正電子也是人類所知道的第一種「反物質」（Antimatter）。狄拉克因此拿到了一九三三年的諾貝爾物理學獎。

這個世界為什麼會有反物質存在？因為數學要求它們存在。

狄拉克方程式解出的另一個新事物，叫「自旋」（Spin）。

其實早在一九二二年，實驗物理學家就已經發現了自旋。這個實驗是以發明者的名字命名的，叫「斯特恩—革拉赫實驗」（Stern-Gerlach Experiment）。如圖8-1所示，把一束銀原子從高溫爐中射出，經過一個外加的磁場之後，打在屏幕上。這時銀原子束變成了兩

▌圖 8-1 斯特恩—革拉赫實驗示意圖[37]

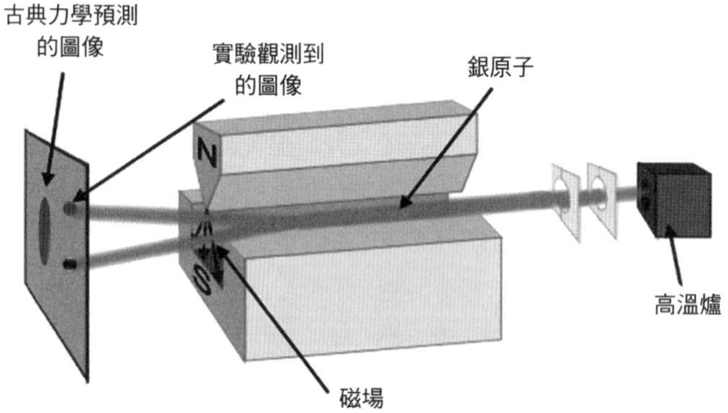

束，而這很奇怪。

磁場為什麼能偏轉銀原子的飛行路線呢？銀原子是電中性的，但在它的最外層有一個「非配對」的電子，你可以把銀原子想像成一個單個電子繞著原子核旋轉的物質。根據最簡單的電磁學，電子的這個環繞，形成了一個小小的環繞電流，就把銀原子變成了一個小小的磁鐵。磁鐵，當然會被外部的磁場影響。

但如果僅僅是這樣，射線應該是被連續偏轉，打在屏幕上應該是連續的一條短線才對——為什麼現在射線被正好分成了兩束，打在屏幕上是兩個亮點呢？

唯一的解釋是，電子在繞著原子核的旋轉之外，自身還有一個別的什麼旋轉——而它自身的旋轉角動量是量子化量子化的，只有「1/2」和「−1/2」兩個取值，對應屏幕上顯示出的上下兩束射線。我們把這個多出來的、電子自身的旋轉名為「自旋」。如圖8-2所示，l是電子繞原子核旋轉的

圖 8-2 原子的軌道角動量和自旋角動量[38]

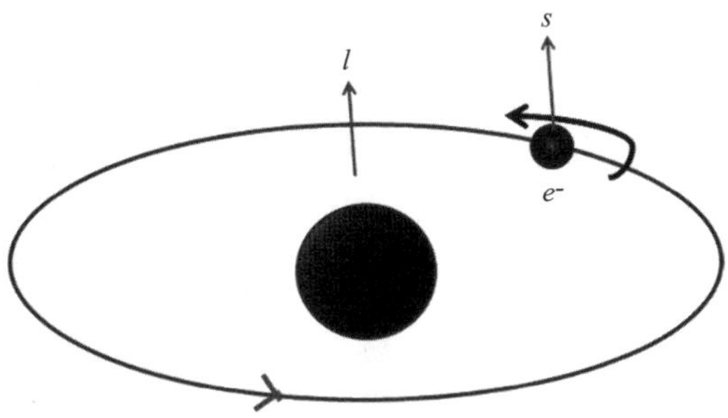

軌道角動量，s 是電子向上的自旋角動量，兩者相加是總角動量。

但是實驗物理學家不知道自旋是從哪來的。電子自旋的「±1/2」是實驗湊出來的數。那這一回，誰能解釋自旋呢？

一九二六年，狄拉克在哥本哈根和波耳、海森堡一起做研究。當時海森堡說，三年之內肯定能有理論解釋自旋這種現象；狄拉克認為用不了三年，三個月就夠了……他過分樂觀了。不過兩年之後，狄拉克確實用自己的方程式解出了自旋。

自旋，是狄拉克方程式內在的要求。但是我勸你放棄對自旋的形象化理解。如果把電子想像成一個小球，自旋是這個小球的自轉，自旋的正負號是自轉的方向，那麼，「電子的自旋是 1/2」這個事實，意味著這個小球必須轉兩圈才能回到原來的樣子（圖 8-3）。

日常生活裡哪有這樣的小球？再說，根據電子的質量和自旋角動量計算，這個小球自轉的表面速度已經超過光速了，也不合理。

你只需要知道，自旋是電子的一個內在屬性，是一個具有角動量特點的性質。當物理

▌圖 8-3 兩種電子自旋方式[39]

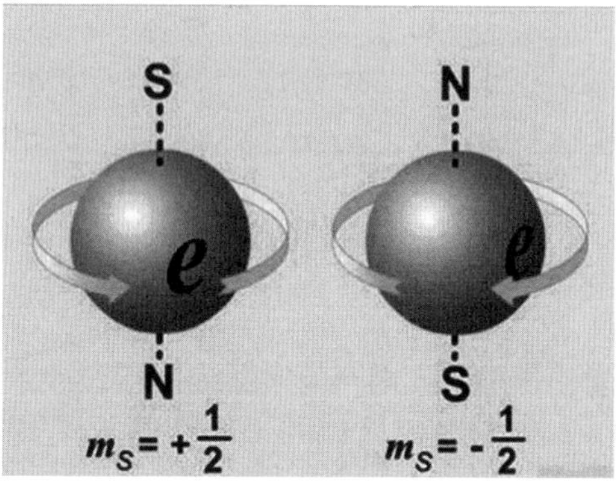

定律說「角動量守恆」的時候，它是說電子的總角動量——也就是軌道角動量和自旋角動量之和——是守恆的。

有了自旋這個概念，就可以更深刻地理解量子力學了。

—•—

我們要講自旋的一個性質，這個性質與日常生活裡的事情非常不一樣，以至於我實在不知道該怎麼打比方——但理解這個性質，對你理解「量子態」很有意義。

回到斯特恩—革拉赫實驗，外加磁場把銀原子束一分為二，一半向上，一半向下。這說明最外層那個電子的自旋，正好一半是「1/2」，一半是「−1/2」。我們只考慮正負號，那麼電子的狀態，就可以寫成如下形式：

$$|\psi\rangle = \frac{1}{\sqrt{2}}|+\rangle \frac{1}{\sqrt{2}}|-\rangle$$

我們用了狄拉克發明的「半個括弧」（$|\rangle$）來表示一個量子態，這個公式說的就是電

子的量子態可以寫成自旋方向是「+」和「−」的兩個量子態之和。其中的「$1/\sqrt{2}$」是為了保證每個態的機率都是1/2：別忘了，機率等於波函數絕對值的平方。

注意到了嗎？這個對自旋的描述，與「波」完全沒關係，這裡面沒有任何波動性。量子態並不一定非得有波。「波函數」、「波粒二象性」，這些名詞都是歷史路徑依賴帶來的，更科學的叫法是「態函數」和「量子疊加態」。

前面那個公式可以這麼理解：以自旋而論，電子處於「+」和「−」兩個自旋的疊加態。實驗觀測會讓它「塌縮」到其中一個態上去，而塌縮到每個態的機率都是1/2，所以銀原子被分成了兩束。

這沒問題吧？好，現在我們來考慮一個燒腦的實驗過程。這個過程非常精妙，請你仔細體會。

你想過沒有，為什麼斯特恩—革拉赫實驗中電子的自旋的正負取向，正好和外加磁場的方向一致呢？正好是一個向上，一個向下。難道說電子在決定自己如何自旋之前，知道外加磁場是什麼方向的嗎？

當然不能這麼說。我們只能理解為，任選一個方向，電子自旋都是那個方向上的疊加態。假設磁場是空間中的 z 方向，那麼我們就可以說：

$$|\psi\rangle = \frac{1}{\sqrt{2}}|+\rangle_z + \frac{1}{\sqrt{2}}|-\rangle_z$$

把磁場換成 x 方向，電子的態函數也可以寫成：

$$|\psi\rangle = \frac{1}{\sqrt{2}}|+\rangle_x + \frac{1}{\sqrt{2}}|-\rangle_x$$

也就是說，電子的狀態本來是「不可說」的，是你非要在一個方向上做實驗，逼著電子在這個方向上「表態」，它才不得不表現為兩個自旋的疊加態。

是你的觀測，給了電子一個自我表達的視角。電子本來沒有視角。

理解了這一點，再看下一步。

我們設想，銀原子經過了一個 z 方向上的斯特恩—革拉赫磁場之後，你引出了其中代表電子自旋是 +1/2 的那一束。你非常清楚，現在這些電子的態函數是「$|+\rangle_z$」。

現在如果你把這一束「$|+\rangle_z$」銀原子再過一遍 z 方向上的斯特恩—革拉赫磁場，它就不會變成兩束了，會保持一束。它對自己的表態很忠誠。

那現在我們把這一束「$|+\rangle_z$」銀原子，在 x 方向上再經過一個斯特恩—革拉赫磁場，你猜你會得到什麼？

你仍然會得到 x 方向上的兩束。也就是說這個「z 方向自旋為＋」的態函數，還可以用 x 方向上的兩個自旋態疊加，即：

$$|+\rangle_z = \frac{1}{\sqrt{2}}|+\rangle_x + \frac{1}{\sqrt{2}}|-\rangle_x$$

因為 x 方向和 z 方向是完全垂直的，等於是互相沒關係，所以兩個疊加態的機率仍然是各自 1/2[40]。

▌圖 8-4 電子三次通過斯特恩—革拉赫裝置的結果

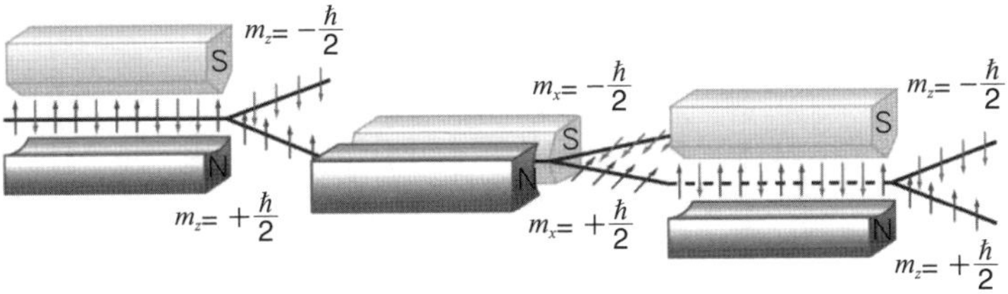

宏觀世界裡沒有這樣的事情。比如我們知道地球有個自轉，這個自轉的方向是固定的。你沿著地軸方向問地球的「自旋」，地球會告訴你是一；你換一個垂直方向再問地球的自旋，地球只會說它在那個方向上沒有自旋，或說自旋是零。但電子的自旋量子數只有「±1/2」這兩個選項！在 z 方向是「+1/2」，換成 x 方向再測，又是「±1/2」。

這就等於說，哪怕電子已經在一個方向上明確表態了，你還可以逼著它在另一個方向上再表態一次。它仍然處在第二個方向上的量子疊加態中。這是自旋一個非常奇妙的性質。自旋不會死，它可以變。

而自旋之所以不死，也可以理解為海森堡不確定性的要求：你不能同時確定一個電子在 z 和 x 兩個方向上的自旋。一個確定了，另一個馬上變得不確定。

我們再進一步。從第二個斯特恩—革拉赫裝置（x 方向）中出來的兩束銀原子中，我們再選其中代表 x 方向自旋是+的一束，也就是「$|+\rangle_x$」，然後再讓它過一次 z 方向上的斯特恩—革拉赫裝置，你猜會怎樣？

整個實驗過程如圖 8-4 所示。

答案是銀原子又被分成了兩束。

你體會一下這個過程。從第一個磁場出，我們已經選擇了「z 方向為＋」這一束，這些電子已經對 z 方向表過態了。可是在第三個磁場上你又讓它們對 z 方向表態，它們再次變成了疊加態。這是為什麼呢？因為過第二個磁場時在 x 方向上的表態，破壞了前面在 z 方向上的表態，現在它必須重新表態，即：

$$|+\rangle_x = \frac{1}{\sqrt{2}}|+\rangle_z + \frac{1}{\sqrt{2}}|-\rangle_z$$

電子任何時候都有自旋，它的自旋永不停息——但是它的自旋可以完全沒有明確的方向：你在哪個方向上讓它表態，它總是說它的自旋在這個方向上是 +1/2 或 −1/2。你換個方向再問，它又是同樣完整地表態。

如果讓我強行打個比方，電子就相當於是這麼一位「老張」。你問老張支持美國哪個政黨，老張說我是個全職的政治運動人士，我一半的時間全力以赴支持共和黨，一半的時間全力以赴支持民主黨；你又問老張是否相信全球暖化學說，老張說我是個全職的氣候運動人士，我一半的時間全力以赴宣傳全球暖化學說，一半的時間全力以赴反對全球暖化學說。

你心想，老張能同時擁有兩種相反的立場，這已經夠神奇的了，可更神奇的是，他為什麼不管做什麼都是「全職」呢？他到底是全職搞政治運動還是全職搞氣候運動？老張到底是做什麼的呢？

電子做什麼，完全取決於你怎麼問它。理解了這一點，現在我們可以說說到底該如何理解量子力學現象了。

—•—

這個很後來才出現的、更深刻的理解，叫「馮紐曼結構」（von Neumann's projection postulate）。它出自數學家和物理學家、電腦之父、賽局理論之父，馮紐曼（John von Neumann）。馮紐曼可能是近代最聰明的人，但你不要被他的名氣嚇倒，我們要說的意思很簡單。

第一，每個量子態，都可以展開為一系列基本的量子態的疊加[41]，即：

$$|\psi\rangle = c_1|e_1\rangle + c_2|e_2\rangle + \cdots + c_n|e_n\rangle$$

第二，一次實驗觀測之後，系統就「塌縮」到其中某一個態 e_i。而到底塌縮到哪個態，由係數 c_i 的絕對值的平方決定。

第三，從此之後，系統就一直處於 e_i 這個態。但如果這個 e_i 態還有不確定性，系統就可以再次被觀測到別的態，方法仍然是用量子態疊加展開。

根據這個理解，薛丁格的波函數是什麼呢？無非就是量子態在位置和動量這兩個視角上的連續疊加展開。為什麼電子打在屏幕上就變成粒子了？因為不確定性消失了，沒有疊加態了。為什麼 z 方向上已經表態過的電子還能在 x 方向上再次表態？因為不確定性還在，還能繼續展開成疊加態。

量子力學是表態的科學，實驗是對不確定性的操弄。

有了自旋，就可以用量子力學解釋世間萬物為什麼是我們看到的這個樣子了。

狄拉克總是追求物理學的數學美。波耳曾說：「在所有的物理學家中，狄拉克擁有最純潔的靈魂。」楊振寧說，狄拉克的文章給人「秋水文章不染塵」的感受，沒有任何渣滓，直達深處，直達宇宙的奧祕。

問與答

Q

讀者提問：

如果電子經過了一個 z 方向上的磁場之後，引出了其中一束電子，再經過一個不與 z 方向垂直（非 x 方向）的磁場，會出現什麼情況呢？

A **萬維鋼：**

一切都取決於夾角。假設新方向與 z 的正方向的夾角是 θ，而你引出的電子是 z 的正自旋，那麼它在新方向上仍然取值為正的系數是「$\cos(\theta/2)$」，機率則是這個係數的絕對值的平方，也就是「$|\cos(\theta/2)|^2$」。

Q **讀者提問：**

對於文科生來說，如果拋開數學計算公式，對於電子自旋和量子疊加態是否就很難做更深入的理解呢？

A **萬維鋼：**

我們總可以使用一些打比方的辦法，盡量體會量子力學在說什麼，但是那些比喻必然會讓理解變得模糊，而且會造成各種誤解。

波耳有句話：「如果一個人不為量子力學感到震驚，他就沒有理解量子力學。」費曼有句話：「如果一個人說他理解量子力學，他就是沒理解量子力學。」如果你覺得量子力學就相當於日常生活中的什麼東西，那就一定是錯誤的理解。這就如同翻譯一樣，中譯英，英譯中，梵文佛經翻譯成中文或英文，其中都有些詞只有音譯，因為實在找不到準確的對應。

而你只要稍微用一點數學，就能獲得百倍的理解。

第 9 章
世間萬物為什麼是這個樣子？

如果讓你來設計一款電子遊戲，
在遊戲中創造一個虛擬世界，
你會怎麼做呢？

我在本書的開頭說了，哪有什麼歲月靜好，不過是微觀的粒子們替你詭祕前行。現在我們的量子力學知識已經差不多可以解釋一下，日常世界為什麼是這個樣子了。

如果讓你來設計一款電子遊戲，在遊戲中創造一個虛擬世界，你會怎麼做呢？你要畫一張大地圖，在其中設定各種環境、生物、資源、法術和武器，你要讓戰鬥中的物理和化學過程真實合理，你要精心控制遊戲的平衡，你還必須把這個虛擬世界弄得非常美觀可愛才行。為此你必須聘請很多專業人員，包括工程師、美術設計、編劇，甚至還要有經濟學家和數學家。

但問題是，我們生活的這個世界比任何電子遊戲都複雜得多，可我們這個世界沒有設計師。我們這個世界是從哪裡來的呢？當然是演化而來的。

現在科學家有充分的證據可以證明，從宇宙大爆炸一啟動，這個世界根本不需要任何設計，就慢慢自行演化出了萬事萬物，包括我們。而很多物理學家相信，只要我們把最根本的那幾條規則找到，剩下的所有事情就都能用數學推導出來。

上一章講到的量子電動力學，就是那些規則的一部分。量子電動力學是什麼概念呢？這麼說吧，引力屬於廣義相對論的範疇；原子核以內的東西，涉及更現代也更高深的物理理論——不考慮引力。而在原子核外面的一切事物，都歸量子電動力學管。掌握了量子電動力學，你就幾乎把這個世界抓在了手中。

那怎麼從量子電動力學理解整個花花世界呢？關鍵在於理解原子。深受粉絲愛戴的物理學家費曼，在他的著作《費曼物理學講義》（*The Feynman's Lectures on Physics*）的一開頭說，如果由於某種大災難，所有的科學知識都丟失了，只有一句話傳給下一代，這句話應該是什麼呢？是「所有的物體都是由原子構成的」。

我們看看物理學家眼中的原子是什麼樣的。一般人經常把原子想像成一個個的小球。你用掃描穿隧顯微鏡觀察金屬的表面，看到的就是排列整理的小球——但請注意，你看到的並不是真正的原子，你看到的其實是原子中的電子其穿越空隙的機率。

真實的原子，首先是一個非常空曠的結構。在原子核中，一個質子的活動範圍大約只有 10^{-15} 公尺，而在原子核外面，電子的活動範圍大約是原子核的十萬倍。如果讓你畫一個原子，你不管怎麼畫，都會大大誇大原子核的大小。而電子就更小了，你甚至不能說電子有體積，最好把它想像成一個抽象的「點」，它的蹤跡則是一片「雲」，它在原子空曠的空間中神出鬼沒。

這就引出了一個關鍵事實：原子中並沒有一個能與你發生直接接觸的「實體」。廣闊空間中的兩個點，怎麼可能發生直接的碰撞呢？你永遠都摸不到一個質子、中子和電子。

那你說我用拳頭砸牆，為什麼手會疼呢？我觸摸各種物體，為什麼會有那麼鮮明的觸感呢？你感受到的一切，都是電磁交互作用。你手上的電子和牆上的電子都帶負電，它們距離近了就互相排斥。根據不同的距離和溫度，這個排斥力有時強，有時弱；有時密集，有時稀疏，而你的全部感覺都來自這個排斥力。

你在日常生活中看到一根鐵棍斷裂了，汽車的車身被刮了一下，所有這些變化，以及所有的化學反應，都與原子核沒什麼關係。化學家發明了各種理論來描寫這些現象，比如「化學鍵」之類的，其實說的都是電子和電子的關係。

圖 9-1 氫原子的波函數機率雲[42]

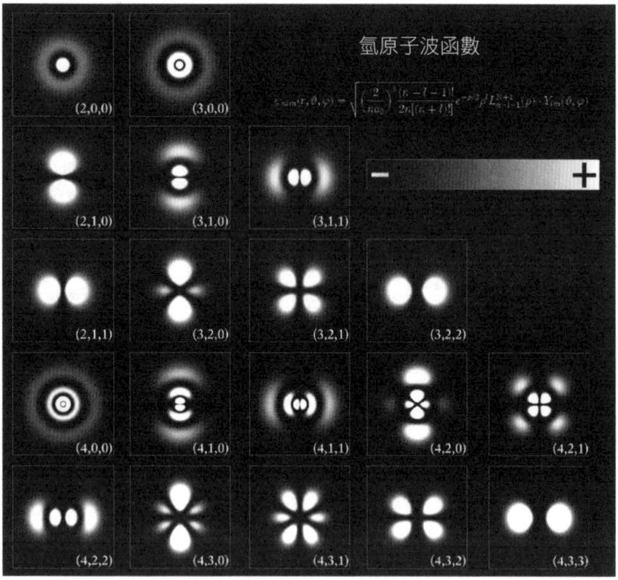

用原子解釋世界的關鍵，是理解原子中的電子。

電子在原子中是以什麼樣的狀態存在的呢？我們已經知道，因為測不準原理，電子並沒有明確的軌道，它的蹤跡是「電子雲」。它在固定的能階上不會輻射能量，也不會掉落到原子核中去。而薛丁格透過解波動方程式，就已經把電子的所有能階和對應的「雲」都算出來了。

請注意電子雲是有形狀和顏色的，形狀代表電子可能被發現的位置，顏色的深淺代表電子在一個位置被發現的機率大小。我們可以把雲的形狀理解成電子的「軌道」。描寫氫原子電子的一個「軌道」狀態，需要三個「量子數」。

第一個是「主量子數」n，代表電子所處的能階。從低能階到高能階，$n=1, 2, 3……$如此排列下去。能階愈高，電子出現在那裡的機率就愈低。

第二個是「角動量量子數」，代表電子軌道 l 的形狀。量子力學沒有傳統意義上軌道的概念，但是波函數有一定的形狀，表現出來就是電子雲的形狀。薛丁格方程式要求電子軌道的角動量是量子化的，也就是只能取有限的幾個形狀，$l=0, 1, 2……(n-1)$。其中「$l=0$」對應的電子雲是標準的球形，l 值愈大，電子雲愈扁。

第三個有時候被稱為「磁量子數」，$m=-l, -l+1, \ldots, l-1, l$，代表電子軌道的方向。看圖9-1中，每個電子雲下面的數字，對應的就是(n,l,m)。一說(n,l,m)是多少，電子的能階、軌道形狀和方向就都出來了。後來有了自旋的知識之後，我們再把自旋量子數 $s=\pm 1/2$ 加進去，就是四個量子數完全決定了電子的狀態。

氫原子是最簡單的原子，它只有一個質子，沒有中子，也只有一個電子。那麼對於其他的原子來說，無非就是增加原子核裡的質子和中子、原子核外面的電子，數學方法還是一樣的，仍然是四個量子數決定每個電子的狀態。

那麼就有一個關鍵問題。

為什麼那些有多個電子的原子，它們的電子們會紛紛往外面的軌道上排，而不是所有電子都擠在最低的能階上呢？薛丁格方程式不是說愈低的能階發生的機率就愈大嗎？

要知道，所有電子都擠在最低能階上是不現實的。首先，愈是大原子核，它的電量愈多，它的最低能階的軌道半徑就愈小。如果所有電子都集中在最低能階的話，愈是大原子，電子勢力範圍就會愈小，這與我們看到的可不一樣。其次，更重要的一點是，電子排列方式單一，會導致所有原子的化學性質都差不多，那就根本不會有什麼複雜的化學反應了，我們看到的就會是一個非常沒意思的世界。

電子們到底為什麼不擠在一起呢？

原因正是「包立不相容原理」（Pauli exclusion principle）。

—•—

包立出生於一九〇〇年，是個少年天才。包立十九歲的時候在慕尼黑大學念研究生，愛因斯坦去做報告，他當場就敢站起來指出愛因斯坦的錯誤。二十歲時他寫了一本《相對論》（*Theory of Relativity*），愛因斯坦一看就說他是把相對論講得最明白的人。

包立當過玻恩的助手，在哥本哈根與波耳和海森堡一起工作過一年，算是哥本哈根學派的人物。包立聽說了自旋之後，立即意識到自旋對電子在原子核之外的排布有關鍵作用。他在一九二五年提出了不相容原理。

包立不相容原理說，一個原子中任意兩個電子的四個量子數，不能完全相同。

正是因為這個原理，電子們才不得不一個一個往外排。比如說對於最低能階 $n=1$，因為l和m只能是零，電子就只剩下「自旋量子數±1/2」這兩個選擇，所以最低能階上只能排列兩個電子。以此類推，包立不相容原理要求電子們一層一層地向外排，一直排到最外層。正是因為這種排法，大原子的勢力範圍才能相對更大，也才有了常常是由外層電子決定的各種化學性質。

世界如此多姿多彩，多虧了包立不相容原理。

那你可能又要問，包立不相容原理的原理又是什麼呢？電子們又不認識包立，它們為什麼非得遵守這個規則呢？

根本原因還是自旋的數學。所有的基本粒子可以分為兩類，一類叫「玻色子」（Boson），它們的自旋是整數。像光子就是玻色子，自旋是一。玻色子是「力」——也就是「交互作用」（Interaction，詳見第二十三章）——的傳播者，像膠子、介子、希格斯粒子和想像中的引力子都是玻色子。

另一類基本粒子叫「費米子」（Fermion），它們的自旋是半整數，也就是±1/2、±3/2、±5/2這種，費米子是力的感受者，像電子、質子、中子都是費米子。

而在數學上，我們可以證明，由一組玻色子組成的系統，它的波函數一定具有交換對稱性。也就是說你把其中兩個粒子調換一下位置，波函數不變。而由一組費米子組成的系統，它的波函數具有反對稱性，你調換位置會讓波函數改變正負號。大致來說，交換就相當於旋轉，而費米子轉一圈轉不回來。

因為費米子波函數的這個反對稱性，它在對稱中心點的取值就必須是零。中心點是什麼點？是所有量子數都相同的點。因為波函數在這裡必須是零，所以費米子的量子數不能完全相同。

因此，包立不相容原理的本質就是「兩個全同費米子的波函數，一定是交換反對稱的」。

簡單來說，之所以有化學，是因為包立不相容原理；之所以有包立不相容原理，是因為費米子波函數是反對稱的；之所以費米子波函數是反對稱的，是因為自旋；之所以有自旋，是因為量子電動力學。

設定了量子電動力學，你就設定了原子核以外的世界。

那如此說來，一個海森堡測不準原理，一個包立不相容原理，一個薛丁格方程式，一個狄拉克方程式，量子力學至此可以說是已經大功告成啊！原子現在不是問題了。克耳文男爵一九〇〇年說的兩朵烏雲已經都解決了。萬事萬物再一次各安其位，那物理學家是不是應該都獲得了內心的和平呢？

並沒有——至少有些人沒有。有些人要求，對波函數到底是怎麼回事，量子世界的種種怪異行為，必須有個讓人信服的解釋才行。

可是愈解釋，就愈覺得整個量子理論非常詭異。

包立在物理學家中以愛挑錯和直言不諱的批評著稱，人稱「物理學的良心」。據費曼說，如果你做報告的時候，包立聽著聽著睡著了，你應該對此感到高興——這說明你的報告中沒什麼錯誤，包立允許你繼續講下去……

問與答

Q 讀者提問：包立不相容原理表明有些量子態是互斥的，這個互斥會呈現為一種「力」，請問這種「力」和四大交互作用是平行關係嗎？

A 萬維鋼：這個問題太好了。包立不相容原理的確可以表現出一種「力」的樣子，所以有時候稱之為「簡併壓力」（Degeneracy pressure）。簡併壓力要求兩個全同費米子永遠都不能占據同一個位置，必須保持某種「社交距離」。但嚴格來說，簡併壓力並不是一種力：因為力都是可以講大小，可以互相對抗，而簡併壓力不講大小，它超越一切的力。

舉個例子：所有質量不算太大的恆星——比如太陽——等到把所有核融合燃料燒光之後，都會慢慢冷下來，變成白矮星。因為內部不再產生熱量讓它有一個向外膨脹的力去對抗引力，它自身的引力就是最後剩下的最強的力。白矮星中可能有碳、氧、氖、鎂這些元素，有電子、質子和中子，

它們就這樣一個壓一個聚集在一起。而單純由質量帶來的引力，會比那些粒子們同性相斥的電磁交互作用力還要大，以至於白矮星會被自身引力壓垮。

但是它不會垮成一個特別小的東西！就算電磁力都對抗不了引力了，簡併壓也會阻止白矮星進一步垮掉。包立不相容原理說，任何兩個相同的基本粒子不能在一起，它們必須一個個往外排好。

而如果這顆恆星的質量比太陽的一．四四倍還大，但是比太陽質量的三．二倍小，它在燒光燃料之後就會變成一顆中子星。它自身的引力如此之大，以至於把原本帶負電的電子和原本帶正電的質子壓在了一起，變成了電中性的中子——但是即便如此，包立不相容原理說，因為中子也是費米子，兩個中子也不能占據同一個位置，所以也要有簡併壓，所以中子星的體積也必須是有限的，不能特別小。

這些都不僅僅是理論推導的結論，都有天文觀測的證據證實。天上有很多白矮星，有少量中子星，它們都是恆星的屍體……是包立不相容原理讓它們保住了最後的身體，還能讓我們看到。

而如果一顆恆星的質量比太陽質量的三．二倍還大，那它在燒光燃料之後將成為黑洞。黑洞內部是什麼樣子，包立不相容原理對黑洞做了什麼，就不是我們現在所明確知道的了。

Q **讀者提問：**

前面有一章您提到，我們發現了質子、電子、原子等的作用機理和基本規律後，就可以說全宇宙間的所有的事都符合這些定律，您說全宇宙都是由這些基本粒子組成的，所以規律普遍適用。那會不會存在一些人類目前完全沒有探索到或無法感知的粒子或是其他物質，是違反這些定律的呢？

A　萬維鋼：

如果我們沒有一個特別好的理論，只是單純總結已經看到的這些粒子的規律，那的確不敢說宇宙中就沒有別的、我們不認識的物質了。但我們現在有很好的理論。

比如說元素週期表。我們不是隨便把元素分類，我們是從原子核裡有一個質子、兩個質子，一直到幾百個質子，包括不管有多少個中子，都弄明白了。這張表裡給每一個理論上可能存在的元素都留了位置，而且該找到的都找到了。所謂不該找到的，都是質子數特別多的原子——而我們可以計算出來，那種原子是非常不穩定的，或者會迅速衰變成比較小的原子，或者根本就凝聚不起來。

因為元素週期表非常全面，我們可以說，宇宙中凡是由質子、中子和電子組成的物質，我們都了解了，不會再有不一樣的了。

同樣的道理，物理學家現在有個「標準模型」（Standard model，詳見第二十三章），把凡是可能參與四個交互作用的粒子也都算出來了。這四種交互作用是引力、電磁力、讓原子核凝聚在一起的強交互作用，以及讓原子核衰變的弱交互作用。這個模型中凡是自然界沒有而理論上可以有的，物理學家都用對撞機撞出來過。它們之所以不會在自然界出現，是因為壽命太短暫了，一撞出來馬上就衰變成別的粒子了。

標準模型預言存在的、最後一個被實驗找到的粒子，正是著名的「上帝粒子」，也就是「希格斯玻色子」。

這個精神與狄拉克的方程式預言有正電子，後來就找到了正電子是一樣的。

標準模型有否可能是不全面的，還有某些物質是標準模型以外的東西呢？這也有可能。現在人們深刻懷疑，所謂「暗物質」（Dark matter）就是這麼一種現有的物理定律無法解釋的存在。暗物質只有重量，似乎只參加引力作用，而絕不參加電磁交互作用——標準模型裡沒有這樣的粒子。所以暗物質是個謎，是個「不太對」的東西。

但除了暗物質之外，天文學家拿望遠鏡這裡看看，那裡看看，看到的一切物理現象，幾乎都是現有理論能夠解釋的——當然不是百分之百都能解釋，比如近年來天文學家用望遠鏡觀測到一些神祕的高能量訊號，稱為「快速電波爆發」（Fast radio burst），現在就暫時還不能解釋，不過不太可能對應什麼新的物質。

這個要點是，宇宙中的現象我們現在幾乎都能解釋。如果除了暗物質之外還有別的東西，我們現在至少沒看到它有什麼明顯作用。而且根據「我們在宇宙中的位置並不特殊」這個原理，如果是地球附近沒有的東西，別的地方也不太可能有。

Q **讀者提問：**

隨著晶片製程的不斷升級，晶片製程從七奈米到五奈米，再到最後的一奈米，是不是已經到達摩爾定律（Moore’s law）的極限了？

A　萬維鋼：

一個矽原子的直徑就有〇．五奈米，電晶體再小，最細的地方也不可能比一奈米更小了，所以可以說我們正在接近摩爾定律的極限。

但是正如鐵馬克（Max Tegmark）在《Life 3.0》（*Life 3.0*）這本書裡所說，我們沒有任何理由只能依靠電晶體做計算。理論上計算的最小單元是一個原子，而且CPU不一定非得是平面二維的結構。單純從物理學考慮，合理的計算能力上限，大約比現有的CPU高出10^{30}倍……只是我們不知道那樣的計算如何實現。

摩爾定律的極限並不是由量子力學效應決定的。量子力學效應說原子在那麼小的尺度上會有一定的不確定性，然而並不禁止我們操縱原子。質子和中子的重量都是電子的一八三七倍，而矽原子有十四個質子和十四個中子，所以比電子重得多，它的波長非常小，不確定性十分有限。

第 10 章

全同粒子的怪異行為

如果基本粒子是字母，
宏觀物體就好像長篇小說——
字母都是全同的字母，
但是小說與小說沒有一樣的。

在我們日常生活中，有沒有兩個完全相同的東西呢？應該是沒有。比如說一對雙胞胎，哪怕假設他們的基因完全一樣，但他們各自的人生經歷、記憶、吃的每頓飯都不可能是完全一樣的，表現在身體和大腦的神經連接上，這兩個人總會存在差異。

再比如說，同一個工廠、同一批次生產出來的標準化產品，像是手機，是絕對相同的嗎？肯定也不是。如果用放大鏡去看，總能找出零件上的不同磨痕，玻璃上的細微差異。

宏觀世界裡任何兩個東西，哪怕假設它們真的是看起來完全一樣的，也能找出不一樣來。比如說，它們不可能在同一時間占據同一個位置，對吧？你把這兩個東西橫擺在我面前，它們總得是一個在左邊一個在右邊吧？我總可以給它們編上號：左邊這個是一號，右邊這個是二號——這就是不一樣。

我在「精英日課」專欄裡講過「醜小鴨定理」，說的就是兩隻天鵝之間的差別，和醜小鴨與天鵝之間的差別是一樣大的，世界上沒有完全相同的兩個東西。

但在微觀世界裡，兩個電子是完全相同的。

對物理學家來說，電子只是一個點。電子身上沒有任何痕跡能讓你找到差別的線索。電子沒有年齡，你怎麼看也看不出來哪個電子更老一些，哪個電子是後出生的。

更神奇的是，你甚至不能給電子編號。

在宏觀世界裡，比如你給我三個小球，我總能把它們從左到右排列好，在我自己的意念之中給它們編號為A、B、C。只要我一直盯住它們不放，不管你怎麼改變順序，我也能一直區別誰是誰。所以這三個小球哪怕外表看起來絕對相同，它們在我的眼中也會有六種排列方式：ABC、ACB、BAC、BCA、CAB和CBA。

但是電子不能這麼排。三個電子擺在你面前，只有一種排列方法，AAA。

量子力學中有個概念叫「全同粒子」，全同的意思是無法區分。電子和電子，質子和質子，一切名稱相同的粒子都是全同粒子。全同粒子不僅僅是外觀和物理性質一樣，而且在根本上、在數學上，都是無法區分的。

這其中就包括，你哪怕在意念之中，也無法給三個電子編號。因為根據測不準原理，電子沒有明確的軌道，你根本就不可能一直盯住它們三個。哪怕是全知全能的上帝也區分不了它們。

這個知識非常重要。表現在統計物理學上，意即對全同粒子的統計和對普通事物的統計是非常不一樣的，有一個宏觀的效應。

有了全同粒子的知識，我們就可以欣賞一個精妙的實驗。

這個實驗叫「洪－歐－孟德爾效應」（Hong–Ou–Mandel effect）實驗，是羅徹斯特大學的三位物理學家在一九八七年做成的。[43]它對量子電腦很有用，但是我講這個實驗不是因為有用，而是因為有趣。我希望你仔細琢磨一下其中的奧妙，感受感受量子世界。

我們先來介紹一個簡單的物理儀器，叫「分光鏡」（Beam splitter）。它的作用是把一束入射的光分成兩束：一束反射，一束透射。只要入射角正好是四十五度，反射和透射光束就正好各占原光束的一半（圖10-1）。

▌圖 10-1 分光鏡原理[44]

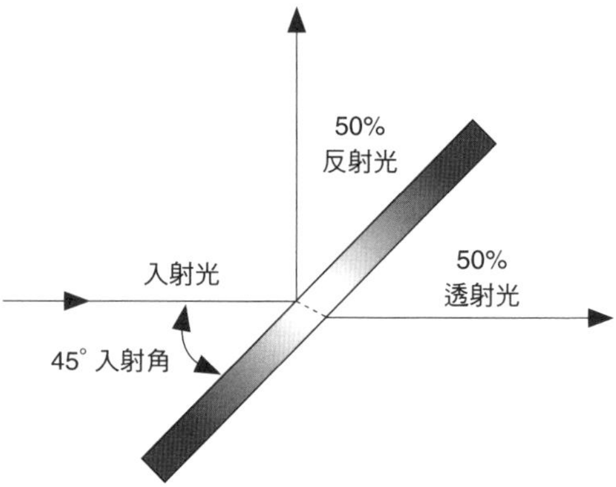

▌圖 10-2 分光鏡的反射和透射相位變化

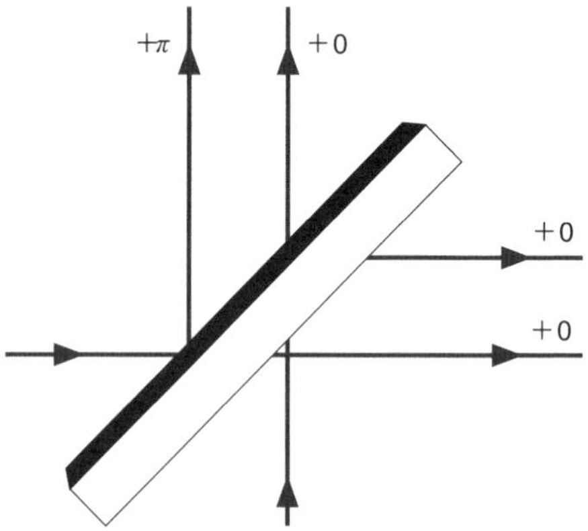

分光鏡的構造很簡單，就是一塊厚玻璃的一面鍍上銀。鍍銀的這一面就好像鏡子一樣，只不過是半透明的鏡子。如果我們不是用一束光，而是只把一個光子打到分光鏡上，那可想而知，光子會有五〇%的可能性反射，五〇%的可能性透射。

接著是重要的一點：從鍍銀的這一面反射出來的光子，會獲得一個一百八十度（也就是π）的相位差，導致它的態函數要改變一次正負號。[45]但是從分光鏡另一面反射或者任何透射的光子，都不會改變相位。[46]（圖10-2）

▌圖 10-3 光子的四種行為

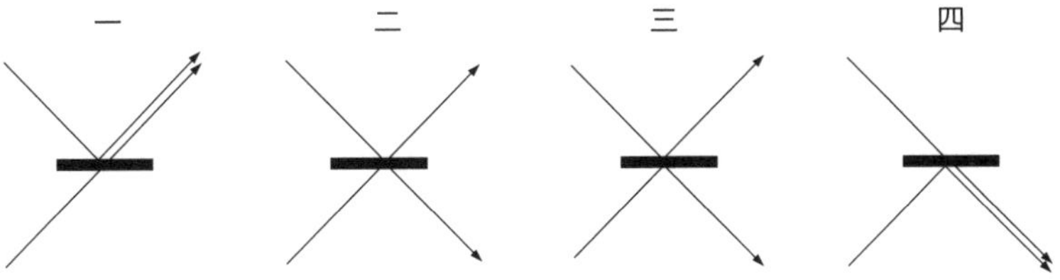

這些都是非常基本的性質，所有做光學實驗的人都會用到分光鏡。

現在我們的實驗是這樣的：假設分光鏡是平放的，下方的一面鍍銀。有兩個光子，一個從分光鏡的上方四十五度角入射，另一個從分光鏡的下方四十五度角入射。你猜會發生什麼？

光子遇到分光鏡後有兩個選擇，反射或者透射，可能性各占五〇%。所以兩個光子的行為一共有四種可能性（圖 10-3）：

一、上面的光子反射，下面的光子透射
二、上下兩個光子都透射
三、上下兩個光子都反射
四、上面的光子透射，下面的光子反射

沒問題吧？

好，現在根據量子力學，這件事總的態函數應該寫成這四種情況的疊加態。但是考慮到分光鏡是下面鍍銀，下面的光子反射的時候會帶來一個相位差，也就是一個負號，所以常態函數是：

ψ 等於「第一種情況」加「第二種情況」減「第三種情況」減「第四種情況」，如圖 10-4。

▍圖 10-4 四種情況的疊加方式

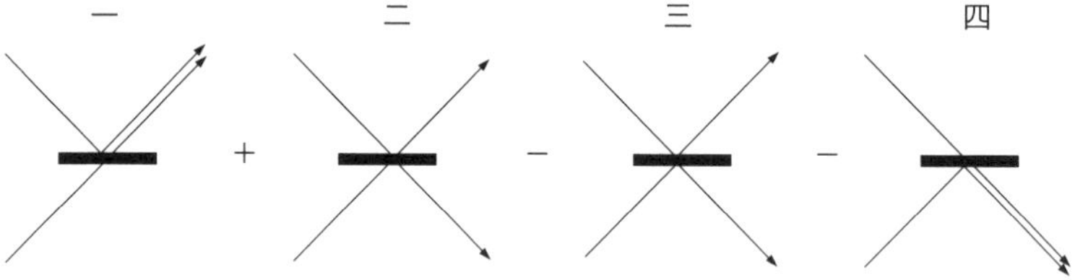

▍圖 10-5 兩種情況抵消後的疊加方式

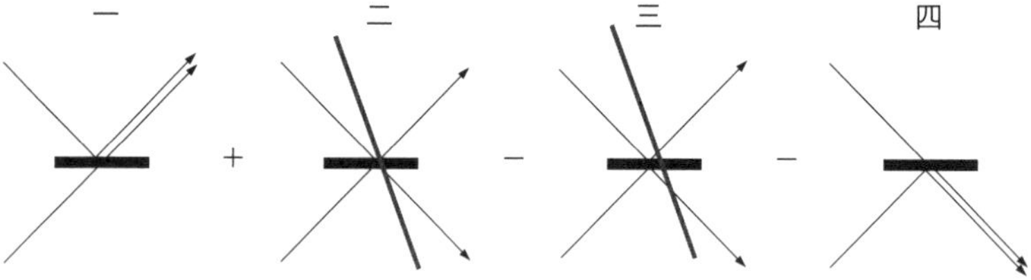

這時候請注意，如果這兩個光子是全同的，第二種情況（兩個光子都透射）和第三種情況（兩個光子都反射）的結局就是不可區分的。對吧？因為你根本無法跟蹤這兩個光子，你不知道從分光鏡裡跑出來的到底哪個是哪個，兩種情況的結局都是兩個光子從兩側跑出來。而又因為第三種情況有個負號，所以第二和第三種情況互相抵消了（圖10-5）。

洪—歐—孟德爾效應的實驗結果正是如此：只剩下第一和第四種情況。你看到的或者是兩個光子一起從上方跑出來，或者是一起從下方跑出來，而絕不會是各自從不同的方向出來。

我們想想這件事有多怪異。光子是完全自由的，它們各自都有反射和透射兩個選項，完全沒有理由約好一起走，結果卻是它們必須一起走。

這就好比說十字路口的東邊來了一個老張，南邊來了一個老李，兩人正好在路口相遇。他們都是完全自由的。老張本來打算要不直行往西，要不右轉往北；老李本來打算要不直行往北，要不左轉往西。在世俗的生活中他們既可以一起往北或者往西，也可以一個往北一個往西，是吧？

可是奇怪的事情發生了。實驗結果是老張和老李總是選擇同一方向。就好像他倆認識一樣，聊了幾句就決定必須一起走。

是誰給了兩個光子這樣的協調性呢？

這件事與傳統光學的干涉現象沒關係。傳統光學的干涉，是一束光的波峰正好與另一束光的波穀重疊導致的相互抵消——需要兩束光在一起才能干涉。可是這裡被抵消掉的恰恰是兩個光子選擇不同方向的那兩個量子態。[47]

洪—歐—孟德爾效應再次告訴我們，量子疊加態是比波函數更為深刻的表達。在量子疊加態中，不但兩個波的波峰和波谷能抵消，連兩個事件都可以互相抵消。

事實上，如果你學習量子電動力學，會學到費曼發明的「費曼圖」（Feynman diagram），他的做法就是要把所有可能發生的粒子事件一個一個畫出來，讓事件之間做加加減減——這個做法被稱為「費曼規則」。

洪—歐—孟德爾效應還讓我們看到了，全同粒子，那是真的不可區分的。

全同粒子這個不可區分的性質，讓物理學家深感不安。為什麼非得是這樣的呢？我聽到的最離奇的解釋，來自費曼的導師，惠勒。惠勒是一位卓有貢獻的理論物理學家，「黑洞」這個詞就是他發明的，他的想像力比較豐富。

有一天，惠勒突發奇想，打電話給費曼，說他知道為什麼電子是全同的了。費曼問為什麼，惠勒說，因為整個宇宙中只有一個電子！

我想，如果是現在，費曼一定會在手機上緩緩打出一個用手捂臉的表情。只有一個電子，難道說這個電子實現了實體化無處不在，可以製造無數個分身同時讓人觀測到嗎？費曼沒當一回事，惠勒提了一下也不了了之。

到底應該如何理解粒子的全同性呢？以我之見，很可能還是因為基本粒子實際上都是數學結構，是抽象的存在。具體的事物，我們總可以找出一些特徵來加以區分。抽象的東西，比如數字「1」，你寫出多少個來，也只能是全同的。

為什麼日常生活中的各種事物沒有全同的呢？因為其中包含的粒子實在太多了。每個物體都是基本粒子排列組合形成的，它們排列組合的方式實在太多，以至於你無法找到兩個完全相同的物體。如果基本粒子是字母，宏觀物體就好像長篇小說——字母都是全同的字母，但是小說與小說沒有一樣的。此外，宏觀物體的位置不確定性也變得可以忽略不計，讓你可以跟蹤了。

但是要沿著這個思路往深處想，可能會有點膽戰心驚。如果這個世界最底層的積木都是抽象的存在，都是數學結構，那這些積木組成的物體就算失去了全同性，不也還是數學結構嗎？也許我們身邊的一切，包括你和我，都只不過是數學元素的排列組合而已。

這麼說的話，這個世界還是真實的嗎？它與電子遊戲裡的虛擬世界又有什麼本質上的區別呢？這個話題有點危險，我們還是先回到量子力學。

問與答

Q **讀者提問：**現實世界中的物體可以消失，比如生命死亡、意識消失，那組成物質的「原子」「電子」會消失嗎？它們有壽命嗎？

A **萬維鋼：**有些基本粒子的壽命非常短暫，幾乎是在實驗室裡剛剛被製造出來就衰變成了別的粒子。比如說自由中子的壽命就只有十五分鐘，會衰變為一個質子、一個反微中子和一個電子。但是質子和電子，目前來說，我們認為它們的壽命是無限長的，沒有任何證據說它們會衰變。

不過所有基本粒子都可以透過與其他粒子的碰撞、碎裂再重新組合成別的粒子。還可以發生正反物質的湮滅，把質量變成能量，也就是光子。比如一個電子可以和一個正電子（也就是電子的反物質粒子）相遇、湮滅，變成兩個光子。

但不論如何，基本粒子都不會被憑空抹掉，它們只是轉化了——有的轉化成了別的粒子，有的轉化成了能量。理論上來說，它們的資訊永遠都不會丟失。

那既然基本粒子不會消失，難道由基本粒子構成的宏觀物體就會消失嗎？當然也不會。我們只是在實踐中沒有辦法重現它們而已。

第 11 章

愛因斯坦的最後一戰

愛因斯坦認為搞研究就是為了理解世界的真相……
這就引出愛因斯坦和波耳間的一場著名論戰，
也是物理學歷史上最重要的一場辯論。

量子力學最基本的理論，我們已經講完了。但對於量子力學本性的探索，才剛開始。

我們先總結一下量子力學的主流觀點，也就是波耳、海森堡、包立、玻恩這些人主張的哥本哈根詮釋。這並不是一套物理定律，而是一套物理研究的方法論和哲學立場。

第一，量子力學只是關於測量結果的科學，它並不研究測量結果背後的「真相」到底是什麼。我能測量的東西，我能說；對於無法測量的東西，比如電子在無人觀察的時候在做什麼，電子到底是什麼，我不說。我研究的是電子落在測量儀器中的規律。

第二，波函數只是一個描寫機率的數學形式，而不是一個物理存在。

第三，既然波函數根本不是物理存在，那也就談不上「塌縮」。你看到的只不過是測量前和測量後的數學資訊變化而已。

第四，波函數就是我們所能知道的全部資訊。

第五，為什麼日常生活中的東西沒有表現量子力學的這些效應呢？因為宏觀現象是眾多粒子的集體行為。

總而言之，哥本哈根詮釋認為，搞研究不是為了弄清世界的真相，而是從實用的角度出發，想要抓住一些世界運行的規律。根據這個精神，現有的量子力學理論是一個完整的物理理論。你能知道的，已經都知道了；其他的，你不必想也不必問。

可以想見，愛因斯坦不喜歡哥本哈根詮釋。愛因斯坦認為搞研究就是為了理解世界的真相，波函數的怪異行為必須有一個解釋。為什麼電子的落點是不確定的？也許還有一些「隱藏的變數」在控制電子的行為，只不過我們暫時不知道而已。量子力學必須不是一個完整的理論。

這就引出愛因斯坦和波耳間的一場著名論戰，也是物理學歷史上最重要的一場辯論。

—•—

一九二七年，比利時國王贊助召開了第五屆索爾維會議，會議主題正是量子力學。這大概是一次空前絕後的群英會。物理學最耀眼的明星齊聚一堂，愛因斯坦、波耳、狄拉克、薛丁格、海森堡、包立、普朗克、玻恩、德布羅意、德拜、居里夫人等這些我們提到過的英雄都來了，會議的大合照至今被人津津樂道。

玻恩、海森堡、薛丁格和德布羅意等人做了大會報告，但所有人都知道，真正的大老是波耳和愛因斯坦。愛因斯坦在會議前幾天保持了沉默，只聽報告而不表態。等到會議的後半部分，進入自由討論環節時，愛因斯坦出招了。

愛因斯坦的招數是他最擅長的思想實驗——我們不需要做真實的實驗，只要設想一個局面，我們推演一下，看看你的理論在這裡有沒有矛盾。波耳積極應戰。

就像下棋一樣，愛因斯坦在早上提出一個思想實驗題目，說這個情景證明了量子力學有問題，波耳在中午召集海森堡和包立一起研究，然後在下午就破解了愛因斯坦的招式。第二天愛因斯坦再修改他的題，然後波耳再破解。兩人就這樣交鋒了好幾個回合，圍觀者看得是如痴如醉。

這場辯論持續了好幾年。我來講講其中最重要的三道題。

要理解這三道題，請你先回顧一下第五章提過的海森堡測不準原理。這個原理說，位置和動量的不確定性是可以互相取捨的：縮小其中一個的不確定性，就會放大另一個的不確定性；你不可能同時精確知道一個粒子的動量和位置。同樣的，也不能同時精確知道一個系統的能量和時間。測不準原理並不僅僅是一個實驗，更是量子力學理論的內在要求。

愛因斯坦攻擊的正是這個測不準原理。他認為，物理學應該是確定性的理論。

第一題，我們可以簡化成一個單縫實驗。我們在帶有單縫的遮光板上面放一個彈簧，這樣遮光板可以在垂直方向上運動（圖11-1）。當一個電子從縫中穿過的時候，它會在上下方向發生繞射。

愛因斯坦說，不管電子怎麼繞射，縫總要對此負責吧？假設電子穿過單縫之後往上走，就說明電子獲得了往上的動量，那麼根據動量守恆定律，遮光板就應該有一個往下的動量，彈簧就應該往下伸展一點點，沒錯吧？反過來，電子往下走，彈簧就應該往上。

請注意，動量等於質量乘以速

▌圖 11-1 第一個思想實驗的示意圖[48]

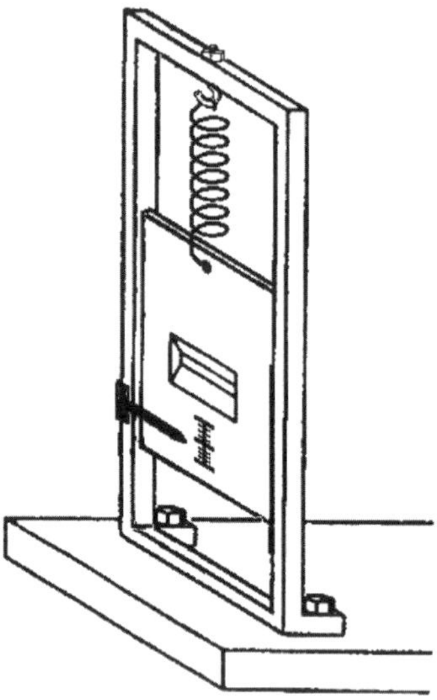

度，動量的方向就是速度的方向。動量是滿足守恆定律的，道理就如同撞球，用一個球去打另一個球，碰撞之後這個球要是往前彈開，那個球就會往反方向——也就是往後——彈開。

愛因斯坦說，只要我看看彈簧的收縮情況，我不就能反推電子通過單縫時的動量了嗎？同時我又知道單縫的位置，那我不就同時知道了電子的位置和動量嗎？這不就違反了海森堡測不準原理嗎？

波耳乍聽，確實有點糊塗。但是經過一番討論和思索，波耳提出了解釋。

波耳說如果電子這麼小的東西都能讓彈簧發生一次震動，那這個遮光板和彈簧就應該也算量子系統。既然是量子系統，縫上下運動的動量和縫的位置，就也具有不確定性，所以你不能根據縫的位置和動量去精確測量電子的位置和動量。

在這道題裡，愛因斯坦混淆了宏觀世界和量子世界。他把宏觀世界的規則用在了彈簧和遮光板這個量子系統中，這是錯誤的。

在一九二七年這次會議上，波耳就這樣比較輕鬆地破解了愛因斯坦的批評。愛因斯坦意識到量子力學不是那麼容易被推翻的，哥本哈根學派這邊則信心倍增。

第五屆索爾維會議，更加持了量子力學。

愛因斯坦沒有善罷甘休。一九三〇年的第六屆索爾維會議上，愛因斯坦有備而來，一到會場就給了波耳出其不意的一擊。

我們把這一擊當作第二題：設想有一個裝著光子的盒子，我們稱之為「光盒」。光盒

▌圖 11-2　愛因斯坦光盒

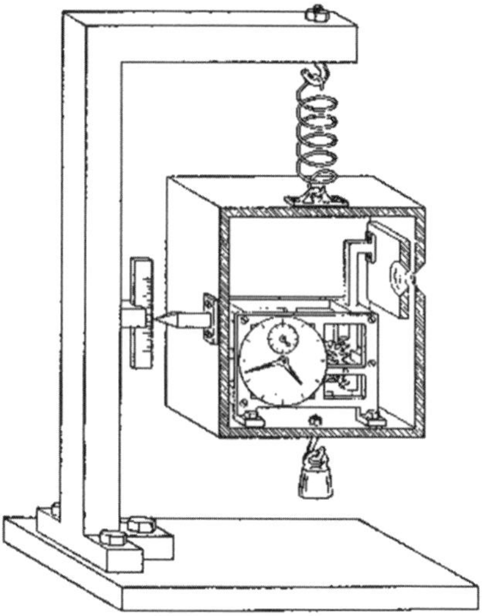

中有個鐘錶（圖11-2）。愛因斯坦說，你在某個約定的時間點，把光盒打開一個小縫，從中釋放出一個光子，然後秤一秤光盒的重量。

波耳一聽這實驗，當場大驚失色。

光子的「靜止質量」是零，但是光子不會靜止，永遠在運動。也許光盒的六個面都是鏡子，光子在其中跑來跑去。而根據狹義相對論，$E=mc^2$，光子既然有能量，就有一定的「質量」，這一盒光子就會表現為一定的重量。一個光子離開光盒，光盒的重量就會發生小小的變化，而我又知道光子離開的精確時間，那我這不就等於同時知道了光盒損失的質量和這件事發生的時間嗎？這不就違反了測不準原理說的「能量等價於質量和時間的不確定性關係」嗎？

波耳找不到反駁的理由。第一天會議結束，在大家一起從會場回旅館的路上，愛因斯坦非常得意，面帶微笑大踏步前進。波耳則一路小跑，在一旁不停勸愛因斯坦，說你這個實驗要是對的，物理學可就完蛋了。

請注意，在這個實驗裡，你拿一些技術細節去質疑愛因斯坦，比如說光盒釋放光子需不需要時間啊之類的，那是不好使的——這是思想實驗，我們可以假設一切都是精密運行的，你必須拿出原理性的論證才行。波耳當晚連夜思考，一直想到淩晨時分，終於恍然大悟——愛因斯坦犯了一個巨大的錯誤。

第二天，波耳提出了反駁。波耳說，你要秤光盒的重量總得用儀器吧？我可以設想光盒是放在彈簧上，釋放一個光子，彈簧會往上收縮一下，對吧？彈簧的高度代表光盒的重量，沒錯吧？好，但是彈簧的高度有一個不確定性，而這就代表了光盒重量的不確定性。此外，根據你的廣義相對論，重力場裡不同高度上的時鐘是不一樣的，叫「重力紅移」，愈高的地方時間過得愈快，是吧？所以高度的不確定性也代表光盒時間的不確定性。因此，質量和時間都有不確定性，我們算一算，正好滿足海森堡的理論！

在這道題裡，愛因斯坦沒有考慮到時鐘顯示時間的不確定性，他默認了時間是確定的，他的錯誤在於忘記了自己的廣義相對論。

波耳用愛因斯坦的廣義相對論反駁了愛因斯坦，劇情逆轉。愛因斯坦承認波耳這一輪又贏了。

這兩輪辯論之後，歐洲政治局勢每況愈下，愛因斯坦在一九三三年移居美國，加入了普林斯頓高等研究所。他與歐洲的交流愈來愈少，逐漸脫離了主流的物理圈，成了一個孤獨的抗爭者。

但是在一九三五年，愛因斯坦發起了最後一擊。他和兩個同事合寫了一篇論文，又提出了一個思想實驗，也就是我們要說的第三題。按照三人名字的字首，把這個實驗稱為

圖 11-3 EPR 悖論實驗示意圖[49]

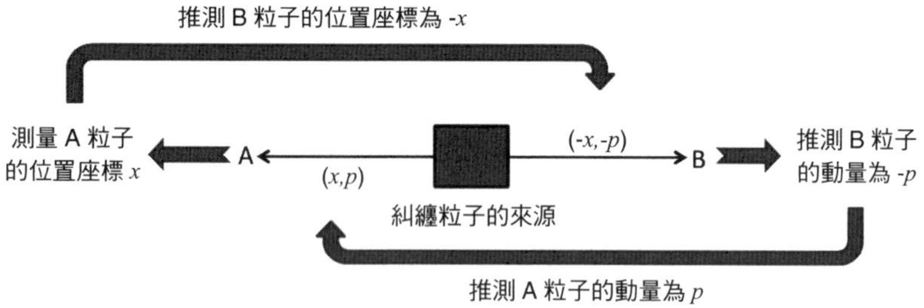

「EPR悖論」（Einstein-Podolsky-Rosen paradox）。

簡單來說，A和B兩個全同粒子，本來是在一起的，後來可能因為原子核衰變或者其他什麼原因，分開了，然後沿著直線各自往相反的方向飛（圖11-3）。

根據動量守恆定律，A和B的動量必定互為相反數，而且A走多遠，B必然也走多遠。

那我測量一下A粒子的位置是x，不就同時知道B粒子的位置是$-x$了嗎？我再測量一下B的動量是$-p$，不就知道A的動量是p了嗎？我對每個粒子都只測量了一次。海森堡測不準原理說測量A的位置就會破壞A的動量，但是我沒有破壞B的動量；我測B的動量時也沒有破壞A的位置。可是現在我同時知道了每個粒子的動量和位置，這怎麼算呢？

這篇論文立即讓波耳陣營亂了陣腳，波耳寫了論文，也發表了演講，但這次反駁的效果不是很理想。愛因斯坦說的兩次測量好像都是合法的，不確定性原理似乎失效了。

綜合而論，波耳陣營最後的反駁意見是這樣的；A和B兩個粒子應該被視為同一個量子系統，用一個一個波函數描寫。你測量A的位置，就等於也測量了B的位置——也就等於擴大了B的動量不確定性。你再測B的時候，B的動量已經不是以前的動量了。所以你還是不能同時知道兩個粒子的「真實」動量。

但是這一回愛因斯坦不買帳了。愛因斯坦說我這兩個粒子可以距離幾光年遠，如果測量A的位置馬上就能破壞B的動量，這難道不是一種「鬼魅似的超距作用」（spooky action at a distance）嗎？對此波耳等人無言以對。

這一局，愛因斯坦沒有犯任何錯誤。成功地論述測不準原理要想成立，量子系統中就必須包含鬼魅似的超距作用——而這一點是物理學家難以接受的。波耳唯一的合理反駁就是量子系統真的存在鬼魅似的超距作用。

鬼魅似的超距作用，從此成了量子力學的命門。

—•—

不過，這場爭論並沒有繼續下去。不管愛因斯坦承認與否，量子力學都是非常成功的理論。費曼曾經舉過一個例子，說電子的磁矩，用量子電動力學進行純理論計算的結果是1.00115965246，實驗測量的結果是1.00115965221，這兩者在小數點後第十位才開始不一樣——這個精度有多高呢？相當於計算洛杉磯到紐約的距離，誤差只有一根頭髮絲的直徑尺寸那麼小。[50]

此後三十年間，儘管物理學家不理解那個鬼魅似的超距作用，基本粒子物理學照樣突飛猛進。誰還會關心愛因斯坦的質疑呢？

一九五五年，愛因斯坦孤獨地去世了，但波耳並沒有忘記那些辯論。一九六二年，波耳去世。在他去世前一天用過的黑板上，人們發現一個圖形，正是愛因斯坦光盒。

其實愛因斯坦和波耳的辯論都是非常友好的，愛因斯坦完全不否認哥本哈根學派的貢獻。第六屆索維爾會議後的一年，愛因斯坦還特地向諾貝爾獎委員會推薦了海森堡和薛丁格，讓他們拿到了諾貝爾物理學獎。

量子力學基礎理論的介紹到此告一段落，本書的後半部，我們來講三十年後的新進展，講那個鬼魅似的超距作用。

問與答

Q

讀者提問：

量子力學的研究過程中有這麼多位英雄，而在聽相對論的課程時，我感覺只是愛因斯坦一個人在研究，請問相對論的研究過程中還有其他英雄嗎？

A　萬維鋼：

沒錯，相對論基本上是愛因斯坦一個人的功勞。就狹義相對論而言，其中用到的一個關鍵數學是如果假定光速不變，坐標系應該如何變換——這個方法叫「勞侖茲變換」（Lorentz transformation），是數學家勞倫茲（Hendrik Lorentz）最先做出來的。但是勞倫茲就好像普朗克一樣，只看到了數學，而沒有看到這麼做的物理意義，把畫龍點睛的功勞留給了愛因斯坦。

用愛因斯坦自己的話說，就算沒有他，別的物理學家遲早也會發現狹義相對論。這可能是因為當時已經有實驗證明光速不變，人們一旦接受這個事實，剩下的都很簡單。

但是愛因斯坦認為，如果沒有他，恐怕不會有人發明廣義相對論。這可能是因為廣義相對論純粹是愛因斯坦自己認準了「等效原理」，非得說重力場和加速運動是一樣的，完全是出於數學和哲學的要求，強行推導的理論。當時並沒有任何實驗說有哪裡不對，我們需要廣義相對論。廣義相對論的效應太難測量了，是後來非常幸運地正好趕上日全食，才得到第一個驗證。

Q　讀者提問：

您覺得到最後我們會不會發現，現在的量子力學被證實是某個新理論在特定情況下的解，就像當年牛頓力學之於相對論那樣？

A 萬維鋼：

這正是愛因斯坦所期待的。也許將來有個新理論能解釋量子力學中的不確定性，比如說有一些「隱變數」（Hidden variable）決定了電子的精確落點，而那些變數是我們根本就沒想到、沒測量到的。

也只有假設存在這樣的理論，才能說明波函數為什麼會無緣無故地「塌縮」在這裡而不是那裡。如果終究沒有這樣的理論，那波函數就真的不是一個物理存在，就永遠都是一個怪異的、不可完整想像的東西。

但是，隱變數理論不能解釋量子力學的一切怪異。EPR悖論實驗中兩個距離很遠的粒子之間那個鬼魅似的超距作用，即我們後面要講的量子糾纏，就不是任何隱變量理論能解釋得了的。不管什麼理論都得接受，量子力學是一個「非當地語系化」的東西，有一些不需要花費時間的超遠距離協調。

第 12 章

世界是真實的還是虛擬的？

量子力學帶來一些讓人寢食難安的結論，

我們下半場換個打法——

這回不是打開新地圖了，而是破案。

我們要往深處走，看看能不能挖掘出其中的祕密。

現在我們進入量子力學的下半場。我們要使用一些更現代的手段和更多的思辨，來深入探索量子世界的本質。我們會講一些精妙的實驗，我會盡我所能去除這些實驗的技術細節，幫你直達其中的思想，但是我希望你也要多動腦筋。這些都是值得的，在量子力學上花費過腦力，你就沒辜負你的大腦和這個時代。

探索世界通常意味著要學習更多、更複雜的知識。比如說，核子武器和核電廠是怎麼回事？核融合又是怎麼回事？基本粒子都有哪些？它們的分類和性質都是怎樣的？就好像玩遊戲打開新的地圖一樣，內容愈來愈豐富，每一關都有更多新的寶藏。

量子力學的上半場是這樣的：我們從一朵烏雲出發，竟然解釋了世間萬物為什麼是這個樣子。

但因為上半場的量子力學帶來一些讓人寢食難安的結論，我們下半場換個打法——這回不是打開新地圖了，而是破案。我們要往深處走，看看能不能挖掘出其中的祕密。

這個探索方向有點哲學味道，我們要問一個古今中外的思想家都追問過的問題：這個世界是真實的嗎？

我們設想你現在是剛剛穿越到地球，睜開眼睛看了看周圍的一切，圖像和聲音都很清晰，各種物體都有豐富的觸感，還有人與你互動……但你仍然想問一個問題：這到底是真實存在的世界，還是在做夢呢？

可能有人覺得這個問題有點怪，真實世界和夢裡或遊戲裡的虛擬世界有區別嗎？有區別——別的區別我不知道，我只知道一點關鍵區別。

真實世界，是客觀的存在；虛擬世界，則是為了你而存在。比如月亮。真實世界裡的月亮，哪怕是在白天你看不到它的時候，它也真實存在著，它該怎麼運動，就怎麼運動，它上面的每一粒灰塵都得一絲不苟，對吧？但虛擬世界不是這樣。遊戲只會渲染你螢幕上顯示的場景。假如遊戲裡有一片森林，如果此時此刻沒有玩家在那個森林裡，系統就不會製造那個森林的視覺效果，更不會費力去模擬什麼一片樹葉被風吹落這樣的場景。虛擬世界裡的月亮，當沒有人看它的時候，它就不存在，或至少也是與有人看的時候不一樣的存在，對吧？

事實上，你完全可以懷疑眼前這個世界就是虛擬的。王陽明不是有句話嗎？「你未看此花時，此花與汝心同歸於寂。你來看此花時，則此花顏色一時明白起來。」這像不像說花是遊戲為了你而臨時渲染出來的？叔本華說整個宇宙都可能是「婆羅那神」施展幻術製造的一個假象，是「摩耶之幕」。笛卡兒（René Descartes）也懷疑，如果「我」沒在思考、恍神了或睡著了，那個「我」可能就不存在。這些都很有道理，不過這些思想家的弱點在於，他們這些假設都是不可證偽的。你信也行，不信也行，總歸是沒有證據。

而現在，我要說的是，量子力學給這個問題提供了一個新的視角——量子力學是可以證偽的。

我們想像這麼一個場景。你找兩枚一元硬幣，一枚是二〇一九年、另一枚是二〇二〇年製造的，它們除了身上寫的年分不同，其他都完全相同。你把兩手虛握在一起，把兩枚硬幣放在手心裡搖幾下，然後分開，兩手各握緊一枚硬幣。[51]

現在，請你閉上眼睛想想，接下來發生的到底是什麼。

你本來不知道哪手拿的是哪枚硬幣。你打開左手，發現左手中是二〇一九年的硬幣，於是你馬上就知道，右手中必定是二〇二〇年的硬幣。

這件事很平常，但它可以有兩種解釋。

第一種解釋，是當你的左右手分開之後，在你打開左手查看之前，「哪個硬幣在哪一手裡」這個結果就已經確定了。你後來看到左手裡是二〇一九年的硬幣，只不過是因為你左手裡本來就是二〇一九年的硬幣——這個結果與你「看」的動作沒關係。如果事情是這樣的，我們就可以說這個世界是個「客觀存在」，也就是我們的「古典」世界觀。

第二種解釋則是量子世界觀。也許當你的左右手分開之後，在你打開左手查看之前，哪個硬幣在哪只手裡是……尚未確定的。是你打開左手的同時，左手的硬幣才瞬間變成了二〇一九年的硬幣。然後它瞬間發通知給右手的硬幣，說：「我這邊已經變二〇一九年了啊，你那邊再亮相只能是二〇二〇年的！」右手的硬幣得知這一消息，表示遵從，所以當你再打開右手的時候，裡面一定是二〇二〇年的硬幣。

你看，這個量子世界觀是不是給人一種強烈的虛擬感？與古典世界觀相比，它的怪異之處有兩點：

第一，「硬幣的年分」這個屬性，是因為你的觀測才被臨時確定的。在你打開左手查看之前，不僅僅不知道它的年分，而是它根本就沒有「年分」這個屬性。

第二，左手硬幣確定自己年分屬性的一剎那，竟然給右手硬幣傳遞了一個消息，而且右手硬幣瞬間就接收到了，並且採取了行動。

這可能嗎？硬幣那麼大的東西，的確不太可能是這樣的。但是我們將要證明，微觀世界裡的東西，比如光子和電子，就是這樣的。

—•—

我們前面講了，量子力學認為，一個電子必須同時通過兩條縫，自己與自己發生干涉，才能在屏幕上產生干涉條紋。這意味著在你測量之前，電子的位置是個「疊加態」：沒被觀測的電子根本就沒有明確的「位置」，是你非要觀測它的位置，才給它觀測出來一個位置。同樣的，電子原本沒有自旋，是你非得沿著某個方向測量，才給電子測量出一個此方向向上的自旋。

而測量的結果則是完全不確定的。為什麼這個電子落在了屏幕上的這個地方，而不是別的地方？為什麼這次的自旋是向上？沒有原因。兩個鈾原子擺在你面前，五分鐘後其中一個衰變了，另一個沒有衰變，這是為什麼呢？量子力學認為其中沒有任何原因，是純粹的隨機事件。

但古典世界觀的支持者可不這麼想。愛因斯坦會告訴你，兩個原子之所以一個衰變，另一個沒衰變，是因為它們身上存在某種不一樣的地方，而且是你所不知道的。電子的自旋也好，電子古怪的干涉行為也好，背後都有一些更細微的、隱藏的因素在起作用。就好像天氣預報說「明天下雨的機率是三〇％」，這並不是說下雨與否是完全隨機的，只不過是因為我們搜集的資訊和技術手段不夠全面：如果你像上帝一樣是全知全能的，了解所有的相關因素，那你完全可以準確預測明天是否下雨。

這就是所謂的「隱變數」觀點。隱變數觀點認為電子與日常生活中的物體是一樣的，它的位置、動量、自旋這些特性可以根據某些隱藏的變數隨時變化，但一直都明確存在，只是因為你沒有抓住那些隱變數，才以為結果是隨機的。愛因斯坦有句名言：「你真的以為沒人看的時候，月亮就不存在嗎？」[52]

這兩種世界觀的直接碰撞，就是上一章說的，一九三五年，愛因斯坦和波耳在最後一次論戰中提出的EPR悖論。我再用最簡單的語言把這個悖論整理一遍：比如把兩個原本在一起、相互關聯的電子分開，一個往南走，一個往北走。它們一開始的總角動量是零。當它們距離已經很遠的時候，你測量一下南邊這個電子的自旋，得到了自旋向下的結果。那麼根據角動量守恆定律，北邊的電子自旋一定是向上的。

這就與本章兩枚硬幣的操作是一樣的，對這件事可以有兩種解釋。

量子力學的解釋是南邊的電子本來沒有自旋，是你「測量」的動作，給它隨機帶來了向上的自旋，於是北邊的電子瞬間獲得了確定向下的自旋。

愛因斯坦認為這不可能。兩個電子相隔這麼遠，怎麼能這邊變了，那邊馬上就變呢？一個東西怎麼能一瞬間就影響到千里之外，甚至無窮遠之外的另一個東西呢？這不是鬼魅似的超距作用嗎？

所以愛因斯坦的解釋是這一切就好像猜硬幣一樣平常。兩個電子一直都有自旋，根據某種隱變數，有時候這個向上，那個向下；有時候這個向下，那個向上。因為本來就一起變化，所以根本無須協調。你以為你是碰巧才觀測到了向上的結果，那只是因為你不了解隱變數。

這場爭論當時懸而未決，兩個解釋好像都說得過去，人們想不到有什麼辦法能做實驗證明。鬼魅似的超距作用就好像非得說世界是虛幻的一樣，似乎是一個難以證偽的理論……直到將近三十年後，才有人提出了一個證明方法。

貝爾（John Stewart Bell）一九二八年出生於愛爾蘭，愛因斯坦提出EPR悖論的時候他才七歲。貝爾是歐洲核子中心的理論物理學家，主業是設計加速器。貝爾一直都對量子力學感興趣，但是他不好意思對人說。[53]

為什麼呢？因為在貝爾的顛峰期，量子力學已經不是物理學的主流課題了。幾十年來又是第二次世界大戰，又是美蘇冷戰，原子彈讓各國政府見識了物理學的威力，物理學家個個都非常受追捧，拿著愈來愈多的經費不斷開闢新地圖，一邊用加速器撞出了各種新的物理學，一邊用光線和半導體創造了各種值錢的應用。與那些課題相比，量子力學顯得又老氣又小兒科。

也許更重要的是，早在愛因斯坦發動最後一擊之前的一九三二年，馮紐曼就出了一本書叫《量子力學的數學基礎》（*Mathematische Grundlagender Quantenmechanik*），宣稱從數學上嚴格證明量子力學是對的，隱變數理論是錯的。馮紐曼是什麼人？那是大神中的大神，天才中的天才，聰明、勤奮、幾乎無所不能，而且風格優雅。據說馮紐曼博士學位論文答辯的時候，因為穿著實在太講究，有的老師居然忍不住打聽他的裁縫師是誰。馮紐曼說量子力學是個完整的理論，別的物理學家就認為問題已經解決了。

貝爾只是一個出身貧困家庭的普通人，據說曾經因為交不起大學學費，在物理系當過技術員，還讓教授們借書給他看。他想問題很深，平時是個很安靜的人，但是有時候喜歡與人辯論。他在量子力學課堂上曾直接說出老師不誠實。貝爾發現馮紐曼的書裡有個關鍵錯誤。他說：「馮紐曼的證明不僅是虛假的，而且是愚蠢的！」[54]貝爾認為，必須驗證EPR悖論才算真正證明了量子力學。

一九六四年，貝爾在休假時寫了一篇論文，提出了驗證EPR悖論的方法。他甚至不敢把論文發到主流的物理期刊，特意發到了一本不太著名的期刊上。

這篇論文雖然被人看到了，但並沒有產生石破天驚的效果。直到八年之後，才有人做實驗證實了貝爾的理論，即便是這樣，它也沒成為熱門話題。大概在二十世紀九〇年代以後，主流物理學突破的速度愈來愈慢，物理學家的興趣開始分散，人們才重新對量子力學產生興趣。今天任何一本講量子力學的書都要提到貝爾那個證明。

貝爾從來沒對人說過他是怎麼想到那個證明的，那真是一個巧奪天工的證明。

問與答

Q **讀者提問：**正在學「機率論」課程，裡面有段話：一座城市，哪些家庭今天會要孩子，嬰兒會在哪一刻誕生，這些都是隨機的，但是從整體上來看，這座城市的出生率、每年新生兒的數量，是大致確定的。

我在想，在微觀世界中，電子運動是隨機、不確定的，但是在我們眼睛能看到的世界中，整體上運動的結果是大致確定的。這麼想對嗎？

Q **讀者提問：**許多微觀世界的量子效應到了宏觀世界就消失了，但是微觀和宏觀又沒有一個明確的界線。對於量子力學在宏觀世界中的「走樣」，萬老師您個人是怎樣理解的？

Q **讀者提問：**古典力學適用於宏觀世界，量子力學適用於微觀世界。宏觀與微觀，兩者劃分在哪？在過渡地帶，是不是兩種特性都有？

A　萬維鋼：量子力學中每一個具體的微觀觀測結果都是不確定的，但是事件發生的機率是絕對精確的。波函數絕對值的平方代表機率，帶給我們精確的機率。

這個精確機率相當於一種「完美硬幣」：這種硬幣每次拋出之後，得到正面的機率正好是1/2。如果嘗試的次數少，完美硬幣並不代表完美結果。哪怕是個完美硬幣，我們也有比如說〇．〇九七六五六二五％（0.5^{10}）的可能性，連拋十次都正面向上。如果你有十個完美硬幣，那麼也存在〇．〇九七六五六二五％的可能性，你同時拋出它們得到的結果是全部正面向上。

但是如果你使用的硬幣足夠多，出現那種極端情況的可能性就足夠少——你的結果會愈來愈接近硬幣的內在機率。如果你拋出一百萬個完美硬幣，你會相當準確地得到幾乎五十萬個正面和五十萬個反面。你得到小於四十九萬個正面的可能性是非常非常小的。這就叫「大數定律」（Law of large numbers）。

人口出生率與量子力學不同的地方在於，它不是一個絕對精確的機率，但是它的變化很慢，就像是個固定機率一樣。那麼只要一個城市的人口足夠多，每年出生多少個嬰兒還是大致確定的。當然，正因為出生率會有變化，人口數字其實是有波動的。管理五百萬人比管理五百萬個原子難多了。

那人難道不也是由原子組成的嗎？人與原子又有什麼本質區別呢？區別就在於數量。一個體重七十公斤的人身上大約有 7×10^{27} 個原子，這個數量可能不太容易形成直觀印象。換個說法：人體的一個細胞，大約是由10^{14}個原子組成的。我們就當中國有十億人，相當於10^{9}，這意味著，你身上的一個細胞，就對應著大約十萬個中國那麼多人口數的原子。

在這種數量尺度上，我們完全可以認為原子是精確可控的。我們不必認為一個人「既在這裡，又在那裡」，也不必考慮細胞的「波粒二象性」。

從微觀到宏觀並沒有一個清晰的界線，區別僅僅是發生量子事件的可能性愈來愈小而已。原則上，人也具有波動性，人可以穿牆而過，只不過那個機率太小了。

第 13 章

鬼魅似的超距作用

有些哲學家懷疑整個宇宙是一個整體，
冥冥之中一切事物都一直互相有聯繫，
你採取任何一個行動
都會立即影響到其他所有的事物。

上一章我們提到，貝爾證明了量子力學中存在鬼魅似的超距作用，他用的方法是一個不等式。貝爾還設想了一個實驗，直接介紹實驗有點複雜，我把它簡化為一個故事。[55]這是個有點燒腦的故事，但不需要任何專業知識，只需要一點小學生的算術基礎。

故事是這樣的。你和我，我倆做三個實驗。

假設現在有一部機器，每隔十秒鐘就同時往兩個相反的方向發射乒乓球，一個乒乓球往東，另一個乒乓球往西，可以平穩且高速飛行很遠。乒乓球的顏色可以是紅色，也可以是藍色，但具體是紅色還是藍色，每次都不一定。

我在東邊，你在西邊，各自接收飛過來的乒乓球，我倆的任務就是觀察和記錄自己收到的乒乓球的顏色。我倆的距離很遠，互不直接通訊。每隔十秒鐘，我們就記下一個乒乓球的顏色。

我們想知道這部機器發射乒乓球的規律。為此，我們要做三個實驗。

第一個實驗非常簡單，我們約定一個比較長的時間段，在這個時間段裡各自按順序做一份收到的乒乓球顏色的紀錄，然後把兩份紀錄進行比較。

比如我收到的紀錄是「紅色—紅色—藍色—紅色—藍色—藍色……」，你的紀錄也是「紅色—紅色—藍色—紅色—藍色—藍色……」，兩份紀錄完全相同。

由此我們得出一個結論：這部機器每次向兩個方向發射的乒乓球顏色都是相同的。簡單吧？這似乎是一部忠厚老實的機器，雖然每次發射球的顏色可以變化，但是同時發出的兩球顏色總是一樣的，兢兢業業，童叟無欺。

第二個實驗，現在我戴了一個墨鏡再觀察我接收到的乒乓球，而你還是和以前一樣，不戴墨鏡觀測。

觀測一段時間再比較我倆的顏色紀錄，發現兩份紀錄在大部分時間內還是相同的，可是有一％的紀錄中，我們接收到的兩球顏色不同。

是不是我粗心大意記錯了呢？我們把這個實驗再做一遍，這回換你戴墨鏡，我不戴。結果發現，還是有一％的顏色紀錄對不上。

那麼我們得出結論，一定是這個墨鏡有問題。墨鏡，有正好一％的機率，會「看錯」乒乓球的顏色。

注意，墨鏡這個出錯率是固定的。你做一萬次實驗，它出錯一百次；做十萬次實驗，它出錯一千次——什麼時候出錯可能不一定，但長期來看，它的輸出很穩定，總是一％的出錯率。墨鏡，也是不會「提高自我」的一部機器。

在第三個實驗中，我倆都戴著墨鏡觀測。

在介紹實驗結果之前，我想先問一道小學數學題：如果我倆都戴著一個出錯率是一％的墨鏡，那麼兩份觀測紀錄中，最多會有百分之幾的乒乓球顏色對不上？

看到這裡，你可以放下手中的書，思考兩分鐘。

歡迎回來。這道小學生數學題的答案，當然是二％。

我的墨鏡犯一％的錯誤，你的墨鏡犯一％的錯誤，如果我倆不同時犯錯，那總的錯誤數就正好是二％；如果我倆在某些時候正好都錯了，那負負得正，我倆那一次的結果還是一樣，總錯誤就會少於二％。總而言之，兩個人都戴墨鏡，兩個人顏色紀錄的差異應該是最多二％。

但實驗結果不是二％，而是四％！

—•—

我第一次聽說這個實驗的時候，做夢都在思考。現在我再整理一遍：發球的機器只是一部機器，每次發兩個顏色一樣的乒乓球；墨鏡也只是一部機器，它有個一％的固定出錯率。那怎麼兩個人都戴上墨鏡後，出錯率就變成四％了呢？到底是哪裡出的問題？

一種可能性，是發球機器有問題。也許這個機器「意識到」我倆都戴著墨鏡，就故意發射顏色不同的乒乓球。這個想法非常奇怪，但是可以驗證——我們可以等到機器發出乒乓球之後再戴上墨鏡——實驗結果是出錯率依然是四％。看來發球機器沒問題，它只是一部機器。墨鏡也只是個簡單的測量儀器，我們已經各自單獨戴墨鏡驗證過，非常穩定，沒有問題。

那就只剩下一種可能性，根據推理小說主角福爾摩斯的名言——排除其他所有的可能性，最後剩下的這個可能性，哪怕再怪，也是唯一的可能性。

這個唯一的可能性就是，乒乓球剛剛離開發球機時，是沒有固定顏色的。是我們看到乒乓球的一瞬間，它才有了一個顏色。

之所以出錯率不是二%，而是四%，是因為在被我們看到之前的那一瞬間，兩個乒乓球之間有過一次「協調」。

我這邊的乒乓球對你那邊的乒乓球說：「萬維鋼戴墨鏡了！你那邊的人戴墨鏡了沒有？」「戴了是吧？那我倆這次不能按以前的規則著色了，得按四%的規則著色！」

這個詭異的、超遠距離的協調，就是愛因斯坦口中鬼魅似的超距作用。

—•—

所謂乒乓球，在真實的物理實驗裡可以是電子、光子或者別的什麼粒子。拿電子來說，所謂乒乓球的顏色，其實就是電子的自旋。物理學家很容易在實驗室裡製備這樣的電子對，並且讓它們的「總自旋」是零，那麼根據角動量守恆定律，一個自旋是正的，另一個自旋就必須是負的。這就等於說每次發出的兩個乒乓球顏色必須不一樣——我們前文說必須一樣，是為了行文方便，道理仍然相同。

所謂戴墨鏡讓觀測發生一%的出錯率，在真實實驗裡，其實是如果你測量兩個電子自旋的時候不在同一個空間角度，那麼測量結果就不是正好相關的。

這個實驗證明了兩點：

第一，粒子的某個「屬性」，比如電子的自旋，確實是在被觀測的那一剎那才確定的。[56]

第二，兩個粒子之間存在一個超遠距離的瞬間協調。

貝爾在一九六四年提出了實驗的理論設想，其中關鍵的結論就是兩端測量結果的符合度要滿足像「四％大於一％加一％」這樣的一個不等式。滿足了，量子力學就是對的；不滿足，愛因斯坦就是對的。

一九七二年，美國物理學家克勞澤（John Clauser）用光子做成了這個實驗，證明貝爾不等式成立。這個結論實在太怪異了，所以有人提出了兩個不同於量子力學，但是同樣很怪異的可能性：有沒有可能兩個光子之間的確有協調，可是那個協調速度並沒有超光速呢？有沒有可能光子之間其實還是沒協調，可是光子的發射裝置不知道為什麼突然「活了」：它注意到了兩邊測量儀器的調整，所以選擇發出不一樣的光子呢？

一九八二年，法國物理學家阿斯佩（Alain Aspect）堵上了這兩個漏洞。他的實驗裝置距離夠遠，他的時間測量精度夠高，以至於他能證明兩個光子之間的協調速度至少要大於光速的兩倍，這是絕對的超距作用！同時阿斯佩還發明了讓兩端的探測器能快速、隨機改變角度的方法，以至於很多時候探測器是在光子已經發出之後才做調整——相當於我倆等到乒乓球已經離開了中間的發射裝置，才臨時決定戴墨鏡與否——結果仍然有同樣的協調。這就證明了協調只可能是兩個光子之間的，而不是中間那個發射裝置在搞什麼鬼。

後來還有更多的實驗用更嚴格的方法證明了貝爾不等式，克勞澤、阿斯佩與奧地利的物理學家塞林格（Anton Zeilinger）共同獲得二〇二二年的諾貝爾物理學獎。鬼魅似的超距作用，是真的。

那我們怎麼理解這件事呢？首先我必須說明，鬼魅似的超距作用雖然是真的，但這並不違反愛因斯坦的相對論，因為我們不能用這個方法傳遞訊息——我沒辦法控制我觀測到的電子自旋。當我觀測到一個電子是正自旋的時候，我知道你觀測到的電子一定是負自旋，僅此而已。我的觀測結果是隨機的，我不能想讓它是正的它就是正的，我沒辦法透過給資訊編碼來向你傳遞一句話。[57]

但兩個粒子之間的確存在這麼一個超遠距離的暫態協調。波耳一派對此的解釋是，那兩個粒子不管距離多遠，都是一個整體，只能用同一個波函數描寫。你的測量是在和這個整體打交道，所以不算超距作用。但是這番解釋聽起來很像詭辯的話術：難道作為整體的兩個粒子就不是一南一北的兩個粒子了嗎？所以薛丁格略帶嘲諷地說，那兩個粒子是「糾纏」在一起。

後世的人們就把這個鬼魅般的交互作用叫「量子糾纏」。量子糾纏說明波函數是一種超越空間的存在。波函數似乎有一種神奇的感知能力，能隨時知道空間各處的事情。

這使得有些哲學家懷疑整個宇宙是一個整體，冥冥之中一切事物都一直互相有聯繫，你採取任何一個行動都會立即影響到其他所有的事物。[58]

另一個思路，則是懷疑世界到底是不是一個客觀真實的存在。

問與答

Q **讀者提問：**

為什麼乒乓球約定是四％的不同著色率？不能是其他的值嗎？比如六％、八％、一〇％或者五％、七％、九％？

A **萬維鋼：**

四％是一個隨意選擇的數字，它只是為了說明比「一％加一％等於二％」大。真實實驗中的貝爾不等式涉及三角函數，你可以參考圖13-1，此圖是精確的。

圖中橫坐標是兩個探測器之間的相差角度，相當於我們兩個人戴的眼鏡；縱坐標是兩個觀測者觀測到結果的相關性，對應「出錯」的情況。實線代表如果這兩個粒子之間沒有遠距離協調，它們共同出的「錯」，最多能有多少；虛線代表實際上共同的出「錯」。虛線的絕對值大於實線的絕對值，所以兩個粒子之間必定有個協調。

Q **讀者提問：**

狹義相對論中不是說不同空間座標上兩點的同時性也是相對的嗎？量子糾纏中說的「同時」是哪個同時？

圖 13-1 遠距離協調與觀測結果的相關性

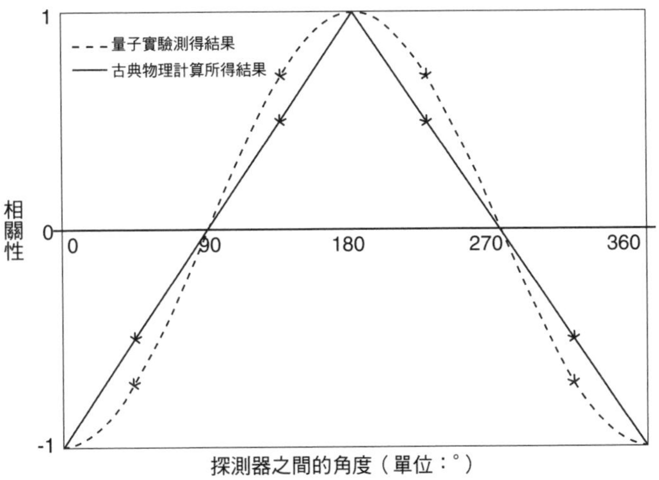

A 萬維鋼：問得好。「同時」是個籠統的說法，大致相當於對於地面上的人的坐標系來說，一次觀測使得兩個粒子同時改變了狀態。那麼如果考慮到狹義相對論，嚴格的說法是，這兩個粒子狀態改變的時間間隔相對於它們的距離來說非常小。

透過相對論可以知道，不管坐標系怎麼變，「事件」是絕對的，發生了就是發生了，沒發生就是沒發生。我們設定對第一個粒子進行測量並且使它獲得明確的自旋，這叫事件A；第二個粒子獲得明確的自旋，這叫事件B。關於量子糾纏籠統的說法，就是A和B是同時發生的。

在相對論裡，有個與坐標系無關的不變量，叫「間隔」。不管你用的是什麼坐標系，事件A和B的間隔「d」，總是不變的。

量子糾纏說的這種超距離協調，相當於一個「d^2小於零」的間隔。這叫「類空間隔」：也就是說兩個粒子的距離已經如此之遠，以至於它們之間哪怕用光速傳遞消息，也不可能產生因果聯繫。A和B本來應該是互相獨立的事件。

然而貝爾不等式的實驗恰恰說明，A和B不是獨立事件，它們有協調！

第 14 章

波函數什麼都知道

小說裡的人物經常吹牛，說我有個神祕的武器，
除了我，沒人見過它的樣子，
因為所有見過它的人都被它殺死了……
有沒有什麼辦法探測到它的存在呢？

透過量子糾纏，我們知道微觀事物的某些屬性是在觀測的那一瞬間才確定的，這讓我們有點懷疑世界的客觀性。其實還有個推測，是說波函數似乎有種超越空間的感知能力。

我們先放下世界的客觀性不討論，用一個實驗進一步看看波函數的感知能力。你不需要非凡的智力，就能理解這個量子力學實驗，但是你需要足夠的思考和耐心，才能體會到其中的妙處。我保證這個實驗絕對精彩。

我們設想有一顆無比敏感的炸彈。任何東西，哪怕是一個光子打在它身上，它也會立即爆炸。古龍小說裡的人物經常吹牛，說我有個神祕的武器，除了我，沒人見過它的樣子，因為所有見過它的人都被它殺死了——我們說的這個炸彈就有這個性質。要看到它，就至少要讓它接觸一個光子，可是只要接觸一個光子它就會爆炸。那有沒有什麼辦法在不引爆這顆炸彈的情況下，探測到它的存在呢？

量子力學有辦法。這個實驗叫「伊利澤—威德曼炸彈測試」（Elitzur-Vaidman bomb tester），一開始是伊利澤（Avshalom Elitzur）和威德曼（Lev Vaidman）這兩個物理學家在一九九三年提出的一個思想實驗，結果一九九四年就被人給做成了，當然用的不是真的炸彈。這是一個實實在在、不需要發生任何交互作用的探測。

古典物理學無論如何都不會允許這種事情，這是波函數的超能力。

圖 14-1 馬赫－曾德爾干涉儀結構示意圖[59]

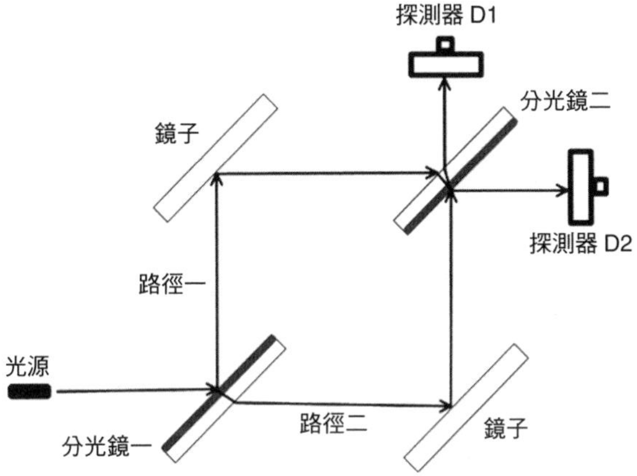

我先介紹一個新儀器，叫「馬赫—曾德爾干涉儀」（Mach-Zehnder interferometer，簡稱MZI）。它的結構非常簡單，由一個光源、兩個分光鏡、兩面鏡子和兩個探測器組成，如圖14-1。

我們在第十章介紹過分光鏡。分光鏡就是一塊單面鍍著一層銀的厚玻璃，它在這裡的作用是把一束入射的光線分成相等的兩束，一束反射，一束透射。

我們先說古典物理學的場景。

干涉儀左下角的光源發出一道光線，被第一個分光鏡平分成兩個光束，一個往上走（路徑一），一個往右走（路徑二）。兩束光分別被鏡子反射，又在第二個分光鏡匯合。把路線都調成精確的直角，第二個分光鏡再分出來的四條光線就會兩兩重合，還是變成兩條光線，各自走向一個探測器。這就是整個干涉儀的結構，簡單吧？

▌圖 14-2 有單一精確頻率的光線經過馬赫－曾德爾干涉儀的路徑[60]

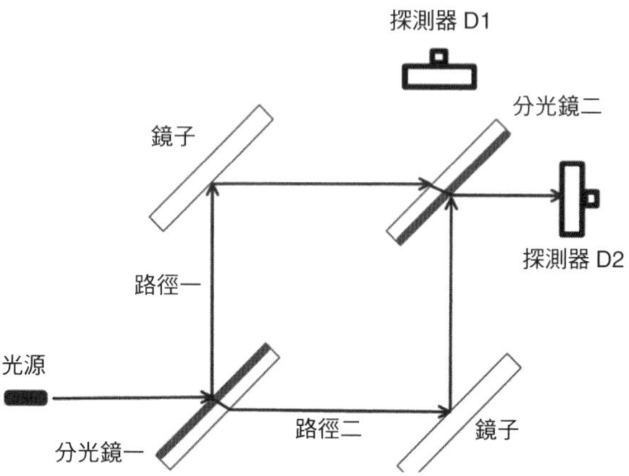

如果你用的不是普通光線，而是非常純淨的、有一個單一精確頻率的光線，有意思的事情就發生了：探測器D1將會接收不到光線，所有的光都走向了D2，如圖14-2。

為什麼呢？我們需要一個簡單的光學知識，即相位。作為一種波，光在路上會有週期變化的波峰和波谷，相位就是波峰和波谷的位置。光線每一次被鏡子或分光鏡的外表面反射，相位都會增加半個波長；每一次在分光鏡內透射，或者被分光鏡的內表面反射，都不會改變相位。

考慮到相位的變化，從路徑一分出來通往D1的光束的相位，和從路徑二分出來通往D1的光束的相位正好差半個波長，因此會發生相消干涉，都沒有了！而通往D2的兩束光相位相同，正好合併成原來的那一束光。

總而言之，對圖14-1中這個馬赫—曾德爾干涉儀來說，只要一切都弄得很精確，結果就應該像圖14-2那樣，只有探測器D2能接收到光。

對實驗物理學家來說，馬赫－曾德爾干涉儀相當於升級版的楊氏雙縫實驗。雙縫實驗裡兩條縫出來的兩束光在屏幕上的不同位置會有不一樣的相位差，顯得有點凌亂；有了這個干涉儀，物理學家就可以在光的路徑上隨意改變相位。想要什麼樣的干涉，就有什麼干涉，路徑簡單，結果乾淨。

現在我們用量子力學的視角再看一遍這個干涉實驗。物理學家如有辦法每次只向干涉儀發射一個光子，想想看，這會是什麼情形？

分光鏡並不能把單個光子一分兩半。單個光子遇到分光鏡，總是有一半的可能性反射，一半的可能性透射，它的波函數也會獲得相應的相位。所以光子遇到第一個分光鏡會五〇%的可能性走路徑一，五〇%的可能性走路徑二；遇到第二個分光鏡又有五〇%的可能性前往探測器D1，五〇%的可能性前往探測器D2。累積的結果是，如果你一個一個地往干涉儀送入一萬個光子，D1和D2應該各自接收到五千個光子，對嗎？

當然不對。哪怕我們一次只發射一個光子，也是D1接收不到光子，D2接收到所有的光子。因為光子會同時走過兩條路徑，在第二個分光鏡上自己和自己發生干涉。

這個結果和古典物理學一樣，但是古典物理學只考慮了光的波動性。現在考慮到光的粒子性，我們就必須發明「同時走過兩條路徑」、「自己和自己發生干涉」這樣的說法，才能把道理講通。可這種話說著簡單，其實非常含糊。透過干涉儀裝置能看得更清楚些。

我們考慮最初從左下角光源出發的一個光子，假設它是簡單的、天真的、無辜的。光

圖 14-3 伊利澤－威德曼炸彈測試[61]

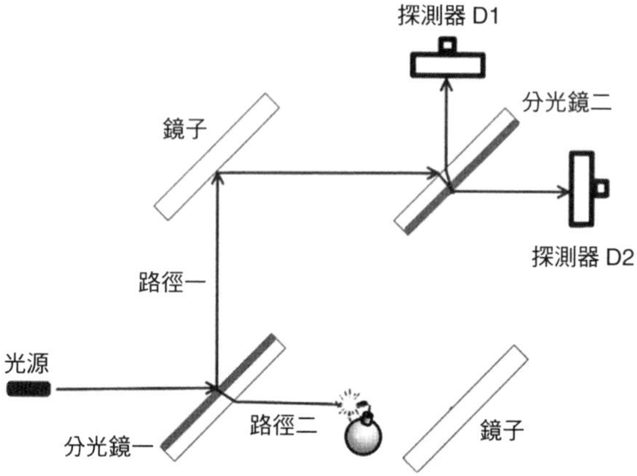

子遇到第一個分光鏡的時候，按照常規，它知道自己有兩個選擇，或向上走路徑一，又或向前走路徑二，它很自由。不管它選的是路徑一還是路徑二，當它走到第二個分光鏡的時候，它都還是有兩個選擇。

那為什麼它總是堅定選擇前往探測器 D2 呢？唯一的解釋，就是這個光子知道這兩條路徑都存在——光子一點都不天真。

「同時走過兩條路徑」，這是我們從人類行為方式中外推出來的設想，其實誰也不明白那是什麼意思——也許光子根本就不需要什麼「走過」。我們可以換一個表達方式，說光子在出發的那一剎那，它的波函數，就對所有的路徑、干涉儀全域的設置，有一個總體感知。是這個「總體感知」告訴光子應該如何運動。我認為「總體感知」是比「同時走過兩條路徑」更好的說法。下一章我們將會看到，波函數——嚴格地說應該叫「態函數」——的感知

表 14-1 光子走過的不同路徑告訴你：有炸彈嗎？

可能性	在分光鏡一	結果	在分光鏡二	有炸彈嗎？
1/2	向前，路徑二	炸彈爆炸	無	實驗失敗
1/4	向上，路徑一	前往分光鏡二	前往探測器 D1	有炸彈
1/4	向上，路徑一	前往分光鏡二	前往探測器 D2	無法判斷

能力並不僅限於空間。

現在我們可以用這個感知探測炸彈了。我們要用到光的粒子性，古典物理學可做不了這個。

我們把那顆無比敏感的炸彈放在干涉儀的路徑二上（圖 14-3）阻斷這條路徑，然後只發射一個光子。你說會發生什麼？

現在不會有干涉現象了，一切神奇都消失了。但與圖 14-2 中的設定相比，這種情況下沒有發生神奇的事，恰恰說明了這種情況本身十分神奇。

這一次的光子很天真。經過第一個分光鏡時，它有一半的可能性選擇路徑二，導致炸彈爆炸。物理學家很不幸，實驗失敗。

但光子也有一半的可能性走路徑一。然後當它走到第二個分光鏡時，因為路徑二被炸彈阻斷了，這裡沒有干涉，光子前往兩個探測器的可能性同樣大。

那麼有總共 1/4 的可能性，探測器 D2 會收到這個光子。這與沒有炸彈的結果一樣，你無法判斷，實驗還是沒有成功。

但是還有 1/4 的可能性，探測器 D1 收到了那個光子。這個結果看似波瀾不興，但因為你事先知道，如果沒有炸彈，D1 是收不到光子的——所以你可以斷定，現在有炸彈。這也就是說，因為量子力學，我們有 1/4 的可能性，能在與炸彈不發生任何交互作用的情況下，探測到炸彈的存在。

—•—

我們再重新整理一遍這件事：從前有個國王，給大臣們出了一道題。說有一種無比敏感的炸彈，只要有一個光子打在它身上，它就會立即爆炸。現在規定只能使用光學方法，而不能用重力、聲波之類的技術，有辦法在不引爆炸彈的情況下探測到它的存在嗎？

宰相是個非常懂邏輯的人，他做了一番周密的考慮：如果不向炸彈發射光子，我就不可能知道炸彈是否存在；如果向炸彈發射光子，炸彈一定會爆炸——我知道它的存在，但也引爆了它。宰相斷定，無干擾的探測不可能成功。

這時候來了四個物理學家，說有辦法，不過四個人不能都成功。國王說那試試吧。他們的實驗結果是：

一、前兩個物理學家直接引爆了炸彈

二、第三個物理學家表示自己沒有結論，不能判斷

三、第四個物理學家，在炸彈沒爆的情況下，說炸彈確定、肯定、一定存在

這四個物理學家的方法是既向炸彈發射光子，又不向炸彈發射光子：他們探測用的是光子的波函數，而不是光子本身。1/4 的成功率不算高，但炸彈的資訊畢竟傳遞出來了。

而且請注意，這個成功率是可以提高的。馬赫—曾德爾干涉儀把光的訊號分成了兩條路線，我們為什麼只分這一層呢？一九九五年，奧地利和美國的幾個物理學家用實驗證明，如果增加干涉儀的分層級數，同時再調整分光鏡的反射、透射比例，就可以提高成功的機率。理論上，探測成功的機率可以無限接近於一。[62]

我們在不與觀測物件發生任何交互作用的情況下，觀測到了它的存在。這就等於說，我們原則上可以利用波函數的感知能力，傳遞一個古典物理學禁止傳遞的資訊。

只可惜這個資訊的傳遞速度不能超光速：我們還是得等到探測器接收到光子才能判斷，而炸彈在光子的某一條前進路線上。所以這件事雖然神奇，但並不違反相對論。如果波函數在光子出發的那一剎那就已了解了全域資訊，它並不能立即把這個資訊告訴你。

無論如何，炸彈實驗和量子糾纏實驗似乎都在告訴我們，波函數好像有個超越空間的感知。波函數好像什麼都知道。光子要有粒子性，波函數要有感知能力，這兩個條件加起來才叫量子力學。

這裡面還有個更深刻的道理：正是波函數的這個全域感知能力，決定了量子力學為什麼是「量子」的。還記得在第六章講薛丁格方程式的時候說過，只要把粒子放在受限制的空間之中，這個粒子的能量就必須是一個一個的「能階」嗎？我們當時說，那是對波函數方程式求解帶來的數學要求，但這個數學要求意味著什麼呢？它意味著，粒子的能量，是由它所能去到的整個整個空間所決定的——是全局決定了這一點。

氫原子有個電子。單看這個電子，似乎可以有任意的能量，沒什麼東西直接命令它，對吧？但考慮到整個氫原子周圍空間的形狀，電子的能量就只能是這麼幾個數值……正因為這一點，電子躍遷產生的光就只能是那樣的光譜，所以光才必須是一份一份的，所以愛因斯坦才提出「光子」這種東西。

電子連自己身邊的事物都不會「看」，它的波函數卻感知到了全域，並且以此對它進行了限制。

因為波函數的全域感知能力，粒子的性質一直都是由整個空間所決定的；因為波函數的全域感知能力，量子力學解出來的各種物理量才不能連續變化，才必須是「量子」的；也正因為波函數的全局感知能力，愛因斯坦這樣的科學家才拒絕接受量子力學的世界觀。

下一章你會看到，波函數還有個超越時間的感知——你現在的選擇，可以改變過去。

問與答

Q

讀者提問：

宇宙中是否存在絕對空曠的地方？沒有任何物質存在的空間是否存在？還是說沒

有絕對空曠的空間，被認為空曠僅僅是因為觀測不到裡面存在的東西？有一種觀念是即使沒有物質，也存在「虛擬粒子」（Virtual particles），難道在人可以認識的空間中，不存在絕對空曠的區域或狀態嗎？

A 萬維鋼：沒錯，不存在絕對空曠的地方。整個宇宙中都彌漫著宇宙微波背景輻射，它們是來自宇宙創生時的光子，它們並沒有消失，給宇宙中哪怕是最空曠的地方也提供了一點點溫度。

物理學家在實驗室裡可以把背景輻射的那一點點溫度也給去除掉，得到一個幾乎絕對的真空環境。但真空也不是那麼「空」的。

你可以說是因為能量測不準原理，也可以說是因為「量子場論」（Quantum field theory，詳見第二十三章）的某個機制，真空中會隨機、時不時地冒出一對虛擬粒子來。它們存在的時間很短，很快就會湮滅，它們不能被直接觀測到，但已經有間接的證據證實這個機制的存在。所以如果你的感知夠細，你大約可以說真空不但不是空的，而且是「沸騰的」。

為什麼會這樣？為什麼宇宙中就沒有一個絕對「空」的地方呢？從哲學角度來說，是因為這個宇宙不管怎樣都要受到物理定律的管轄。數學在，量子力學的定律在，發生事情的可能性在，發生事情的舞臺就在，怎麼能說是「空」的呢？

第 15 章

用現在改變過去

你認為過去的事情都已經成定局了，不可更改，
其實是一個錯覺。
也許過去和未來的唯一區別是因為熱力學第二定律，
過去的可選項比未來的可選項少，
但是原則上，其實都有得選。

我先講個有點怪的故事。從前有個男子叫小張，收入不高，但是上進心很強。他聽說良好的穿搭能提升自信，就斥鉅資給自己從頭到腳弄了一套特別高級的正裝。由於財力實在有限，小張擔心總穿這套衣服的話磨損太快，就決定以隨機的方式，每次只穿這套正裝的上半身或下半身，另外半身穿普通衣服。公司的同事們很快就注意到小張的穿衣規律，都取笑他，但是小張不以為意。

小張所在的公司有個合作夥伴，不定期派一位叫小李的女士過來開會。小張對小李好像有好感。同事們慢慢發現，小張平時穿那套高級正裝時都穿半身，但只要小李來公司，小張就總是穿全套。據此，有些同事斷定，兩人必定已經暗通款曲：小李來公司之前肯定通知了小張，不然怎麼會那麼巧？但也有些同事認為，這兩人的接觸極其有限，好像並不足以產生那麼深的關係……也許小張就是有一種能預感到小李是否來公司的超能力。

於是大家決定做一個實驗。這天早上，同事們透過計算通勤時間，確定小張已經離開家，就在小張快要到達公司的那一刻，突然決定邀請小李來公司開會。同事們心想，這個邀請是我們臨時決定的，小張和小李事先絕對想不到，就算小李通知小張，小張也來不及回家換衣服。所以理論上來說，小張這次將以半身正裝面對小李，對吧？

結果是，小張準時到達公司，而且穿的是全套正裝。

難道小張有預知能力嗎？

你猜對了，小張其實是一個光子。正常人辦不出來這樣的事。這一章我們要介紹的實驗叫「延遲選擇」（Delayed choice experiment），它似乎說明你現在的決定，能改變某些事物的過去。如同事們在小張離開家門之後的決定，影響了他離家之前的穿衣方式一樣。這可能嗎？我們先回到上一章說的那個馬赫—曾德爾干涉儀。

我們知道，在沒有炸彈阻斷前進路線的情況下，光子應該只會被探測器D2接收到。一個自由的光子絕對不會這麼做，所以我們斷定，這個光子必定是同時走過兩條路徑——既走了路徑一，又走了路徑二——才能在第二個分光鏡讓自己與自己干涉，做到只去探測器D2，而不去D1。

這個「既……又……」的行為，用以前的話來說，是表現了光子的「波動性」。用更現代的語言來說，光子處於兩條路徑的「量子疊加態」。用小張的故事來說，小張既穿了正裝的上半身，又穿了下半身，穿的是全套。

但如果路徑二上有炸彈，光子的行為就徹底改變了。它會以五〇%的機率切實引爆那顆炸彈，說明它真的走了路徑二；剩下的機率中，它切實走了路徑一，而且有各二五%的機率前往探測器D1或D2。這意味著光子是一個可以自由做選擇的粒子，它表現的是「粒子性」。它的量子疊加態從離開第一個分光鏡那一剎那就已經塌縮了。這相當於小張「或」穿正裝的上半身，「又或」穿下半身。

簡單來說，光子在剛剛面對兩條路徑的那一刻，必須做一個決定：我跑這一趟是表現「既……又……」呢？還是表現「或……又或……」？我要做「波」還是「粒子」？

光子沒有思想，決定必定是它的波函數告訴它的。波函數似乎事先就已經看明白了兩條路徑的設定。而物理學家早就證明了這一點。

圖 15-1 無探測器（左）與有探測器（右）狀態下粒子的行為 [63]

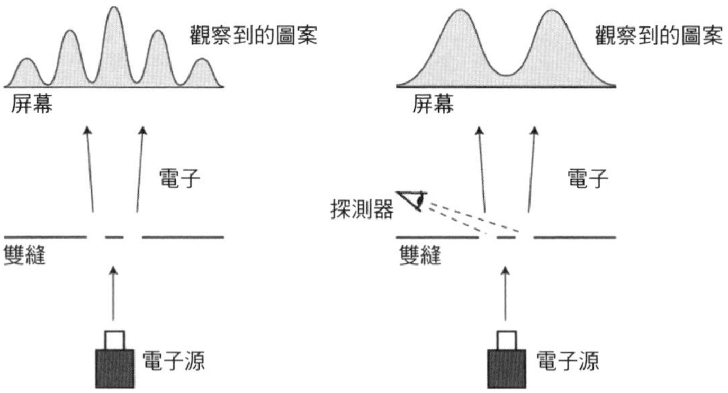

你還記得嗎？楊氏雙縫實驗中哪怕用的是電子，每次只走一個電子，最後屏幕上也會呈現干涉條紋：這說明電子穿過縫的時候是「既走了這條縫，又走了那條縫」，表現了波動性。後來費曼提出一個問題，他說如果我們在兩條縫裡安上探測器——相當於監視器——使電子過縫的時候我們能看見它是從哪裡過的，那會怎樣呢？

答案是電子不再表現波動性了。它的行為模式變成了「或走這條縫，又或走那條縫」，它變成了粒子。屏幕上也不再有干涉條紋，而是形成了好像用子彈掃射一樣的雙峰統計，如圖15-1。

人們對此的本能解釋是，對電子的探測干擾了電子的行動：要探測到電子，就得用一個光子打它，可是光子一打在它身上，它的行為就變了。但這個解釋是不對的，正如我們講海森堡不確定性原理的時候所說的那樣，關鍵並不在於打擾，而在於限制。

或用更現代的說法來說，是在於資訊。

我們換個探測方法，這回用光子，而且探測器絕對不打擾光子。我們在屏幕後方放兩個探測器，D1和D2，分別對應編號1和2兩條縫。兩個探測器要正好對準兩條縫，並且把兩條縫之間的距離稍微弄遠一點，讓兩個探測器只能分別接收到自己對應的縫傳來的光子，而絕對看不到另一條縫裡過來的光子，如圖15-2。

在這個設定中，如果沒有屏幕，讓兩個探測器直接監控兩條縫，光子就表現粒子性，總是「或被這個探測到，又或被那個探測到」，沒有干涉。而如果把屏幕放上去，把探測器擋住，光子就變成了波，出現干涉條紋。

圖 15-2　加裝了探測器的雙縫實驗 [64]

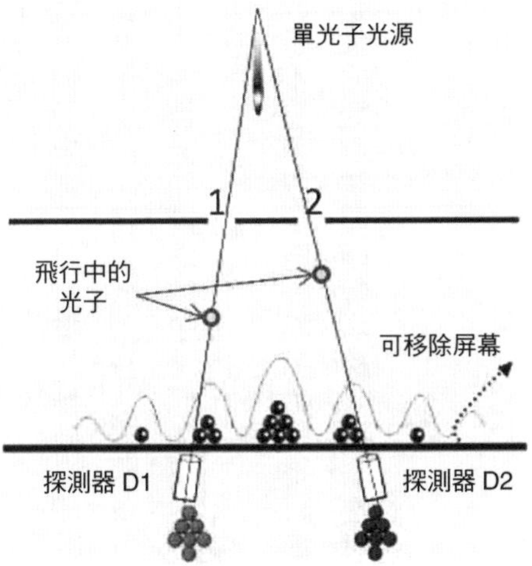

這個實驗還可以用馬赫－曾德爾干涉儀做。干涉儀的兩條路徑就相當於兩條縫。干涉儀的第二個分光鏡，也就是兩條路徑匯聚的地方，就相當於屏幕。有那個分光鏡，光子就表現為波，就會發生干涉，就只會被探測器D2探測到；沒有那個分光鏡，光子就是粒子，就可以被探測器

D1或D2探測到。

這兩種設定裡，沒有東西打擾光子吧？所以這個現象的本質是，光子是表現為波還是表現為粒子，取決於你問它什麼問題。你要非得問它是從那條路來的，它就表現為粒子——它的波函數就塌縮了。而如果你不問它是怎麼來的，它就表現為波——它的波函數沒有塌縮。

要是不逼著波函數表態，也就是說儀器不探測路徑資訊，波函數就不會塌縮。是你的觀測讓波函數塌縮。這個性質非常重要，請牢記。

—•—

費曼的博士導師惠勒是個經常有奇思妙想的人，曾經猜測整個宇宙中只有一個電子。聽說了光子根據路上的情況決定做波還是做粒子這件事之後，惠勒在一九七八年提出了一個設想。

惠勒說，我們設想有一個距離地球十億光年的星系，它的星光被愛因斯坦重力透鏡分成了兩束，各自到達地球。這就像一個楊氏雙縫實驗。如果我們單獨看其中一束星光，那束星光就是作為粒子走過來的；如果我們弄個分光鏡，把兩束星光合在一起，那些光子就是作為波走過來的。可這豈不是說，我們現在要否加上分光鏡的這個選擇，決定了光子十億光年前離開星系時候，要作為波還是作為粒子嗎？

這不就等於，我們現在的選擇，改變了過去的事件嗎？

這就叫延遲選擇。表現在圖15-2的雙縫實驗上，就等於是在光子已經走過了雙縫之後，實驗人員再決定突然撤掉屏幕或者突然裝上屏幕。表現在馬赫—曾德爾干涉儀上，就相當於光子已經離開了第一個分光鏡，走上了兩條路徑之後，實驗人員再決定是否用第二個分光鏡。

那光子會怎麼辦呢？它走上兩條道路之前，已經想好了這回是做波還是做粒子，馬上都快到終點了，你在掀蓋前一刻，臨時決定這回想看波還是想看粒子，它會怎麼辦呢？又如小張離開家門之前已經穿好了衣服，難道小張要回家重新穿衣服嗎？那也來不及啊！

結果光子仍然按規矩表現了波動性和粒子性。

小張維護了自己的穿衣規則。

—•—

幾個法國物理學家在二〇〇七年用干涉儀做成了延遲選擇實驗。[65]當然物理學家的反應速度沒有那麼快，他們不可能真等到光子離開第一個分光鏡之後再手動安裝第二個分光鏡。這個實驗的要點是發射很多次光子，然後讓第二個分光鏡以超快速度隨機地打開或者關閉，如圖15-3。干涉儀的路徑長度是四十八公尺，分光鏡開關只需要幾奈秒，這就保證了總有一些時候，第二個分光鏡是在光子離開第一個分光鏡之後才打開或關閉的。

圖 15-3 延遲選擇實驗示意圖[66]

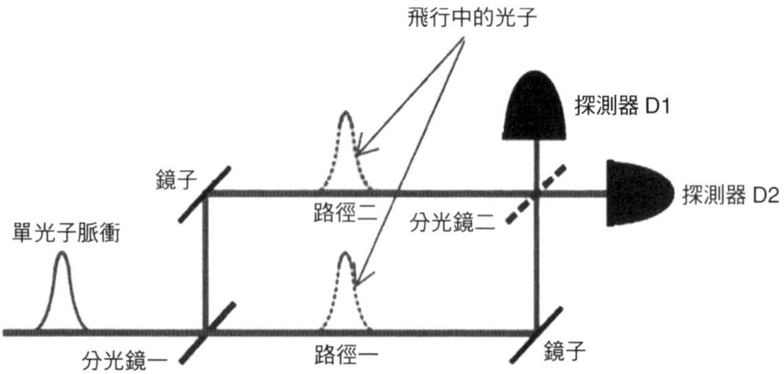

實驗結果是，只要第二個分光鏡打開，就一定只有探測器D2能探測到光子，說明干涉一定發生了，光子一定表現為波；而只要第二個分光鏡關閉，探測器D1和D2就各有一半的可能性探測到光子，光子表現為粒子。

二〇一七年，又有幾個義大利物理學家，透過地面望遠鏡和太空中的衛星聯絡，做成了超遠距離的延遲選擇實驗。[67]

實驗中，最遠距離達到了三千五百公里，地面開關分光鏡有十毫秒的反應時間，這就確保了哪怕用光速，也沒有人能把地面分光鏡的開關情況提前通報給從衛星出發的光子。這就相當於小張回家換衣服是絕對來不及的，然而他就是換成了。

小張在出發之前，預知到了同事們的臨時行動。

觀測讓波函數塌縮。後來的觀測，可以決定之前的波函數是否塌縮。

怎麼理解這個性質呢？說「預知」可能有點過了，畢竟我們能影響的只是「光子當初作為波或作為粒子」這個我們無法直接體會的決定，嚴格來說這不算穿越到了過去。但我們大概可以這麼說——量子糾纏實驗證明波函數有超越空間的感知能力，延遲選擇實驗證明波函數有超越時間的感知能力。

波函數似乎不受時空的限制。但我還是得說一句，因為你只能影響而不能全面控制波函數——比如你不能決定它塌縮成這條路徑還是那條路徑，該結果是隨機的——所以你還是得受到時空的限制，沒有違反相對論。

但是這件事已經夠離奇了。這到底說明什麼呢？各派有不一樣的解釋。在此我想說的是，如果你能接受現在的觀測可以改變波函數的過去，那麼量子糾纏和延遲選擇其實是一回事。我們完全可以說：你對左手硬幣的觀測，改變了當初兩手分開那一剎那的選擇。

事實上，有些哲學家甚至認為，你認為過去的事情都已經成定局了，不可更改，其實是一個錯覺。[68]也許過去和未來的唯一區別是因為熱力學第二定律，過去的可選項比未來的可選項少，但是原則上，其實都有得選。

第 16 章
你眼中的現實和我眼中的現實

兩個物理學家觀測同一個物理事件，
他們的觀測結果必須是一致的，
這樣那個事件才算是客觀存在，對吧？
不一定。量子力學會讓你懷疑，
到底有沒有「客觀存在」。

每個人觀察世界的視角都是主觀的。你周圍所有的光通訊中，只有一小部分能進入你的眼睛。你接收到的視覺資訊中又只有一小部分能進入大腦的意識，讓你對事情做出某種解讀。每個人的視角不一樣，看到的東西就不一樣。面對同一個事物，我們就好像盲人摸象一樣，各自有不同的看法。

同樣的半瓶水，樂觀主義者認為水還有半瓶，悲觀主義者認為水已經空了一半；同樣的一條裙子，打上不同的光，有些人就會認為它們顏色不同。

觀察結果，取決於觀察者。

但是請注意，這些都是心理現象，可不是物理現象。我們對一個事物的解讀不一樣，都是我們自己的原因：那個事物就在那裡，它的「硬事實」是怎麼解讀也不會說錯的。樹上明明站著兩隻鳥，誰看也不能說有三隻。正因為必須對「硬事實」達成一致，我們才相信這個世界是個客觀存在，而不是每個人各自幻想出來的東西。

在量子力學裡，觀測結果往往受到觀測行為的影響。電子本來沒有自旋，是物理學家的觀測給它強行賦予了一個確定的自旋。我們知道這個結果是隨機的：物理學家本人不能決定觀測出來的自旋是向上還是向下。但到目前為止，我們說的觀測都是對不同事件的觀測。我在這一秒鐘觀測的是這個電子，那麼下一秒不管是觀測一個新的電子，還是把這個電子再觀測一遍，都是另一個事件。

如果兩個物理學家觀測同一個物理事件，他們的觀測結果必須是一致的，這樣那個事件才算是客觀存在，對吧？

不一定。量子力學會讓你懷疑，到底有沒有「客觀存在」。

我在前一章提到，觀測會讓波函數「塌縮」：這個粒子本來具有「波動性」，是一個「既……又……」的疊加態，現在因為你擺上儀器，非得觀測它到底走哪條路徑，或它的自旋到底是向上還是向下，它不得不變成了「或……又或……」的「粒子性」，它的波函數塌縮了。

在數學上，這一切都是非常簡單的。比如一個沒有進行路徑觀測，同時走過兩條縫的電子，我們可以把它的波函數寫成[69]：

$$|\psi\rangle_{\text{觀測前}}=\frac{1}{\sqrt{2}}|\text{左縫}\rangle+\frac{1}{\sqrt{2}}|\text{右縫}\rangle$$

將這個函數叫「波函數」是一個歷史習慣，嚴格地說，它應該叫「態函數」——它描寫了從左邊走和從右邊走的量子疊加態。而不管用什麼方法觀測，只要你探知到了電子的路徑，它的波函數就會變成：

$$|\psi\rangle_{\text{觀測後}}=|\text{左縫}\rangle$$

或是：

$$|\psi\rangle_{\text{觀測後}}=|\text{右縫}\rangle$$

具體變成這二者間的哪個，完全是隨機的。這就是波函數的塌縮。

圖 16-1 位置波函數的塌縮[71]

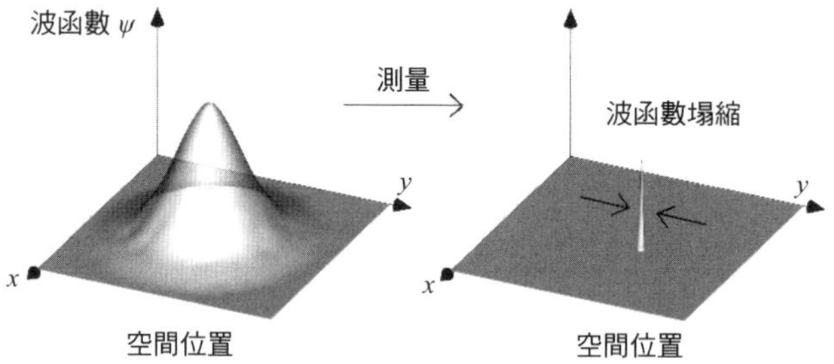

塌縮前，波函數是兩個狀態的疊加；塌縮後，它隨機地變成了其中一個狀態。描寫自旋、位置、動量，所有物理量的波函數都是這樣的疊加，這就是波函數的本質。[70]圖16-1展示了一個位置波函數的塌縮狀態。

現在，我們的問題是，從觀測前那個形式，到觀測後這個形式，波函數的變化是如何發生的呢？

大家都知道是觀測讓波函數塌縮，但是在底層的物理機制上，觀測到底是怎麼讓波函數塌縮的呢？這是一個大問題。

波耳基本上迴避了這個問題。他說測量儀器都是宏觀的東西，測量相當於宏觀破壞了微觀。我認為他這個說法就如同說你用針刺破了一個肥皂泡，說著好像很自然，但是不禁細想：那根針和肥皂泡表面的接觸過程到底是怎樣的呢？

馮紐曼拒絕接受波耳這個說法。他說測量儀器也是用原子組成的，理論上也應該遵守量子力學定律啊。可是量子力學已知的所有定律裡，根本就沒有一條說波函數是怎樣塌縮的。我完全贊同馮紐曼這個質疑，這裡面還有個考慮是，單純用數學方程式其實無法描寫波函數塌縮——塌縮是絕對隨機的，可是數學方程式的運算沒有這樣的隨機。我們大概可以說，波函數塌縮好像需要數學之外的一個什麼東西來觸發。

然而接下來，馮紐曼有個大膽的猜測，我們可就很難接受了。他說是「人的意識」讓波函數塌縮。這可能是因為測量都需要有人參與，而人的意識是唯一有可能不受數學方程式限制的東西。量子力學與人的意識的關係，是一個引發了無數爭論的大題目，我不太相信這個說法，但此刻先不細講。你現在只要知道波函數塌縮這個問題有多難——物理學家都被逼到要把意識這麼神祕的東西搬出來的程度，就行了。

—•—

為量子力學的數學表述有過重大貢獻的維格納（Eugene Wigner）也是支持這個「意識說」，而且他提出了一個悖論。

維格納出生於一九〇二年，是屬於量子力學上半場的物理學家。他想問題想得很深，而且善於提出好問題。維格納曾經提問，為什麼我們生活的這個自然世界裡的事情，如此精準地符合數學呢？你會用到無比複雜精巧的數學公式，那些公式真的有用，但這個宇宙憑什麼聽數學的呢？這是個奇蹟。到現在，哲學家仍然在爭論這個問題。

一九六一年，維格納構思了一個關於人的意識與波函數塌縮之關係的思想實驗，後世把這個實驗叫「維格納的朋友」。我們設想有這麼一個光子，處於「水平偏振」和「垂直偏振」這兩種狀態的量子疊加態。

「偏振」（Polarization）這個概念與自旋有點像，對光子來說很容易測量。在電影院看3D電影用的就是偏振原理。兩個眼鏡片一個只能接收水平偏振光，一個只能接收垂直偏振光，這是兩種不相容的狀態，所以左右眼才能看到不一樣的圖像，在大腦中合成一個立體圖像。

我們假設，維格納的一個朋友在一個實驗室裡對這個光子的偏振態進行了測量。那我們知道，這個測量行為必定會讓光子的波函數塌縮，現在光子或是垂直偏振，又或是水平偏振。

我們再假設，維格納本人在那個實驗室外面目睹了他朋友做的事情。維格納知道他的朋友做出了觀測，只是不知道觀測的結果。

請問，現在那個光子是什麼狀態？維格納和維格納的朋友對此有不同的看法。

在維格納的朋友眼中看來，實驗已經做完了，已經知道光子的偏振是……比如說垂直的，它的波函數已經塌縮了，它現在就是一個垂直偏振的光子，即：

$|\psi\rangle = |$ 光子垂直偏振 $\rangle$

但是在維格納看來，既然還不知道觀測的結果，根據量子力學，就必須假設光子波函數沒有塌縮。不過考慮到我朋友做了實驗，他與光子發生了交互作用，我應該把朋友也算作這個量子事件的一部分，所以波函數應該寫成下面這個樣子：

$$|\psi\rangle=\frac{1}{\sqrt{2}}|\text{光子水平偏振}\rangle|\text{朋友觀測到水平偏振}\rangle+\frac{1}{\sqrt{2}}|\text{光子垂直偏振}\rangle|\text{朋友觀測到垂直偏振}\rangle$$

你看，光子現在到底是確定的狀態，還是處於某種疊加態？它的波函數到底塌縮了沒有，維格納和維格納的朋友有不同的看法。而且他們的看法都是對的。那光子的狀態還是個客觀現實嗎？

你可能馬上想到，維格納可以驗證啊！他找個干涉儀，看看光子能不能自己與自己干涉，這不就行了嗎？不行。維格納眼中的光子並不是簡單地處於「水平偏振」和「垂直偏振」的疊加態，而是考慮到他朋友的觀測，把他朋友也看作量子系統的一部分。維格納必須把他朋友帶上，和光子一起做個干涉實驗才行。但是維格納的朋友畢竟是個宏觀物體，他的「波動性」實在太小了，這個干涉效應沒辦法觀測到。

而如果只是再測一遍光子的偏振情況，維格納只會得到和朋友一樣的結果——對此，維格納的朋友會說，那是因為之前自己在實驗室裡的觀測就已經讓光子的波函數塌縮了；而維格納會說，是因為自己這一次觀測，讓光子和朋友的總波函數一起塌縮了。他們對事件的解釋不一樣，可是無法判斷誰說得對。

「維格納的朋友」這個思想實驗裡說的客觀現實衝突，似乎是無法證明的……

但是，二〇一九年，英國赫瑞瓦特大學的幾個物理學家，用光子代替維格納和維格納的朋友，真的做成了這個實驗。[72]實驗設計非常複雜，若簡化來說，是用四個光子代表兩

▌圖 16-2 「維格納的朋友」實驗示意圖

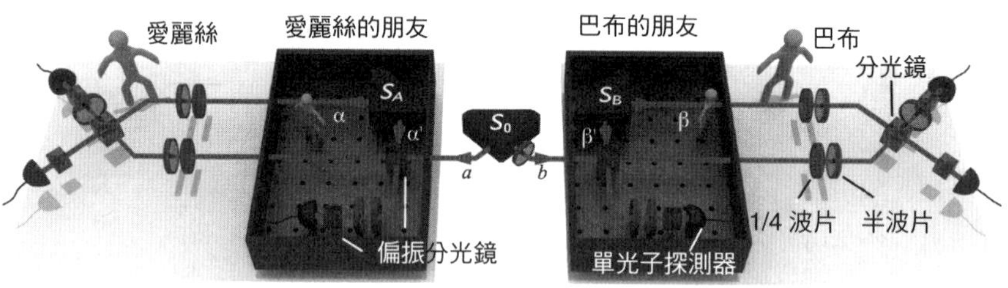

對物理學家——愛麗絲和愛麗絲的朋友、巴布和巴布的朋友——去測量另外一對有糾纏關係的光子。愛麗絲的朋友和巴布的朋友各自在一個實驗室裡測量一個光子的偏振情況，愛麗絲和巴布則在兩個實驗室外面做測量，如圖 16-2。

圖中 S_0、S_A、S_B 為光子源，S_0 產生一對有糾纏關係的光子 a 與 b，S_A 產生的光子 α 為愛麗絲的朋友，S_B 產生的光子 β 為巴布的朋友；1/4 波片和半波片的作用是改變單個光子的偏振狀態，從而使得光子發生不同類型的干涉。

愛麗絲可以選擇直接測量那個光子的偏振，這相當於知道了她朋友的測量結果；她也可以選擇把朋友和那個光子放在一起測量，這相當於對自己心目中那個更大的波函數進行觀測……如此這般，再考慮到貝爾不等式那樣的協調效應，簡而言之，最後人類物理學家再統計一下所有測量的機率，發現那些機率的行為並不一致。

這就相當於證實了，維格納和他的朋友，確實觀測到了不一樣的現實。[73]當然，這個實驗與維格納原始的設想已經不一樣了，這裡面維格納和維格納的朋友不但沒有意識，而且還都成了光子。我們如果保守一點，大概不應該從這個實驗中得出「客觀存在不存在」這樣的結論。但是無論如何，如果你非得相信波函數是個物理存在，那麼「維格納的朋友」這個思想實驗告訴你，兩個觀測者對同一件事可以有不同的觀測結果。量子力學至少給了我們去質疑「客觀現實」的動力。

這個動力會吸引人使用「平行宇宙」（Parallel universes）的觀念去解釋量子力學。

第 17 章

貓與退相干

薛丁格的貓思想實驗，

把微觀世界的量子力學效應放大到了宏觀世界。

貓，也可以處於疊加態嗎？

這一章，我們繼續講波函數的特性。有一個問題，很多人都認為特別神祕，但現有的量子力學知識足以告訴我們，這個問題並不神祕。我希望這一章能讓你相信，研究量子力學的物理學家們並沒有徹底迷失自我。

這個問題就是「薛丁格的貓」（Schrödinger’s cat）。

量子力學原本是一個關於微觀世界的理論。我們通常用波函數描寫一個量子疊加態，說的都是像一個光子、一個電子這樣的東西。在你做出明確觀測之前，光子可以既走左邊的縫，又走右邊的縫；電子的自旋可以既是正的，又是負的。這種現象是量子世界最本質的神奇之處。我們覺得量子疊加態難以理解，是因為我們日常生活的這個宏觀世界裡沒有疊加態的現象。

為什麼宏觀世界沒有疊加態呢？

你大概可以簡單地說，這是因為宏觀世界裡的物體都太大了。我們在講德布羅意的物質波時說過，保齡球之所以沒有波動性，是因為它的質量太重，所以波長太短。保齡球的空間波動性實在太小，所以我們無法觀測到它的位置是「幾條路徑的疊加態」。

這麼說似乎也說得通，但位置的波動性只是疊加態的一種，你又怎麼能保證，沒有別的什麼特性，能讓一個宏觀物體表現出疊加態呢？薛丁格就想出來一個。

這是量子力學裡最著名的一個思想實驗。薛丁格設想了這麼一個情景。我們有一個盒子，盒子裡面裝著一隻貓和一個能探測到放射性衰變的裝置。這個裝置裡有一個有可能會發生衰變的原子。（圖17-1）

圖 17-1 薛丁格的貓思想實驗[74]

如果這個原子衰變了，裝置就會觸發一個機關，比如說一個錘子會落下來，打碎一個裝著有毒氣體的瓶子。瓶子碎了，有毒氣體跑出來，貓就會中毒而死；而那個原子如果沒衰變，貓就會繼續活著。

原子衰變是個典型的量子隨機事件。任何一個可衰變的原子，給定一段時間，它都既有可能發生衰變，也可能不發生衰變。只要知道這個原子的半衰期是多少，我們就可以精確選擇一段時間，確保在此期間內原子正好有一半的可能性衰變了，一半的可能性沒有衰變。在時間到了、你打開盒子前的那一刻，那個原子處於衰變和沒衰變的量子疊加態。

既然貓的死活是和原子的衰變完全關聯在一起的，我們便可以說，貓的死活，現在也是一個量子疊加態：

$$|\psi\rangle = \frac{1}{\sqrt{2}}|貓活\rangle + \frac{1}{\sqrt{2}}|貓死\rangle$$

薛丁格的貓思想實驗，把微觀世界的量子力學效應放大到了宏觀世界。貓，也可以處於疊加態嗎？

當然可以。連維格納的朋友這麼一個大活人在實驗室裡做觀測，都可以被實驗室之外的維格納認為是處於疊加態，還有什麼是物理學家不敢想的？當然，如果維格納的朋友戴上防毒面具，與貓一起待在盒子裡，他會在第一時間知道貓的死活，便不會認為貓處於死和活的疊加態。但是這並不妨礙盒子外面的維格納認為貓處於疊加態。

維格納和維格納的朋友會對貓的狀態有不一樣的說法，但那是上一章的主題，這一章我們單說站在盒子外面的這個視角。薛丁格的真正問題是，如果貓可以處於疊加態，那為什麼我們在日常生活中，從來沒見過宏觀物體的疊加態呢？

你可能會說這是因為宏觀物體會被人看到。一旦我們打開盒子看到貓，貓的波函數就塌縮了。這似乎又回到了意識對波函數的作用這個老問題，但其實不必如此。我們完全可以既打開盒子，又故意不去觀測貓的狀態，就好像你可以不問光從哪條路徑來一樣。

如果貓可以「既是死的，又是活的」，也許我們就可以弄一個可以擺弄貓的干涉儀，透過調整相位，就好像讓光子只去探測器D2一樣，讓貓一定不死……我們可以做各種各樣有趣的事情。為什麼做不到呢？為什麼宏觀世界裡沒有疊加態呢？

薛丁格那一代人當時沒想明白這個問題。但新一代物理學家已經提出了非常合理的解決方案。現在「維格納的朋友」仍然是個悖論，「薛丁格的貓」已經不一定是悖論了。

我們需要一個新概念，叫「退相干」（Decoherence）。

目前為止我們說的波函數，一般都是一個粒子的波函數，它等於這個粒子的兩種可能狀態之和。但如果你這個系統中包含幾個粒子，這幾個粒子之間還有相互的糾纏，而且粒子和周圍環境、探測的儀器之間也有糾纏，再使用單個粒子的波函數就不合適了。我們必須把所有這些粒子和環境因素都考慮到，寫一個大的波函數：

$$|\psi\rangle=\frac{1}{\sqrt{2}}|\text{粒子一的第一個狀態}\rangle\cdot|\text{粒子二的第一個狀態}\rangle\cdots|\text{環境的第一個狀態}\rangle+|\text{粒子一的第二個狀態}\rangle\cdot|\text{粒子二的第二個狀態}\rangle\cdots|\text{環境的第二個狀態}\rangle$$

這個波函數的結構也是疊加態。其中每一個狀態都是系統中所有粒子各自的狀態和環境狀態相乘得到的，而整個波函數是所有可能狀態的疊加。

在理想的情況下，如果這是一個孤立的系統，不受干擾，且這個公式中系統的每一個可能狀態都還保持不變（用數學語言就是相位不變），那麼我們就說，這個系統處於「相干態」（Coherence）。相干的意思就是這些狀態之間仍然可以發生同樣的干涉，比如：

一、走過雙縫的一個粒子的兩個狀態——走左邊和走右邊——是相干態，所以我們才能看到干涉條紋

二、疊加的兩條路徑，其相位正好相差半個波長，才能發生乾淨的相消干涉

三、互相糾纏的兩個電子不管分隔多遠，只要還處於相干態，你測量其中一個的自旋，就會立即決定另一個的自旋

保持相干，就是讓波函數的各個疊加態的相位不變，如同把波函數裝到罐頭裡。

然而世界上並沒有絕對孤立的環境。粒子們總要和外界接觸，環境也會改變，所以那個大波函數的各個求和項會隨著時間變化。這樣各個狀態的干涉情況就得跟著變，以前能發生干涉的，現在可能就不能發生干涉了。

你想讓相干性變「好」很難，但是你想讓相干性變「差」很容易。稍微來點干擾，原本有個乾淨的相位差、能發生漂亮干涉的幾個粒子就會變得雜亂無章，這就叫退相干。原本互相糾纏的兩個電子，一旦發生退相干，就沒關係了，什麼鬼魅似的超距作用、什麼協調也就沒有了。退相干，就是這個波函數罐頭變質了。

這就好像一個班的大學同學，原本因為一起學習，大家的思維同步，談論的話題很容易產生共鳴，這就是「相干」。時間長了，每個人有不一樣的變化，有些話就說不上了，慢慢變得「不相干」。同學們再想弄個集體活動就愈來愈難，以至於你都覺得彼此已經不再是一個集體了，這就是發生了退相干。

只要保持相干，少數幾個粒子就能代表很多有意思的可能性，它們充滿靈動；一旦退相干，這幾個粒子就好像從進退有度的士兵和會心靈感應的藝術家變成了吵吵鬧鬧的市井百姓，失去了靈氣。相干和退相干是科學家研發量子電腦時最關心的事情。

想要用這幾個原子做量子計算，你必須讓它們保持相干。如果不希望它們發生退相干，得想辦法給裝有波函數的罐頭「保鮮」。

從相干到退相干的過程有點像波函數的塌縮，但與塌縮有個本質的區別：波函數塌縮是個暫態事件，退相干則有一個逐漸發展的過程，它的速度很快，但仍會有一個時間段

圖 17-2 退相干過程[75]

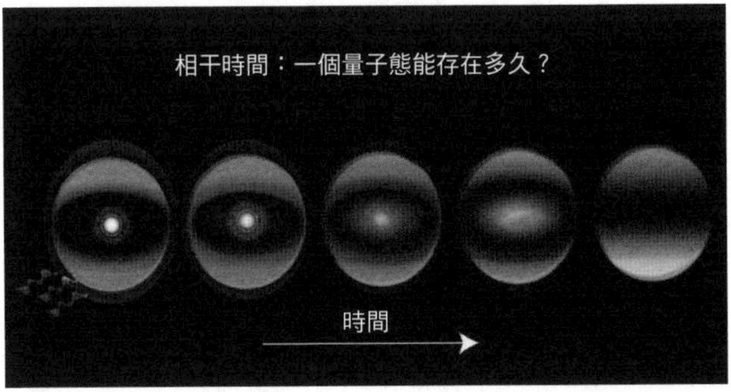

（圖17-2）。

現在我們可以談論貓的波函數了。

貓不是一個孤立的事物。考慮到貓隨時都在和外界環境互動，我們應該把打開箱子那一刻，貓的波函數寫成下面這個樣子：

$|\psi\rangle=|$貓活$\rangle|$環境的第一個狀態$\rangle+$
$|$貓死$\rangle|$環境的第二個狀態$\rangle$

這不是前面說的那個單純死和活的疊加態，當然這個和環境糾纏的波函數也是一個疊加態。為什麼我們沒有看到貓處於疊加態呢？為什麼不能用貓做干涉呢？因為這個波函數迅速發生了退相干。

退相干是個可觀測的過程。二〇〇〇年，美國國家標準暨技術研究院（National Institute of Standards and Technology，簡稱NIST）的物理學家已經在實驗室裡全程觀察到了幾個粒子逐漸退相干的過程。[76]而且他們證實了，參與的粒子數目愈多，退相干的速度就愈快。

那我們想想，貓加上盒子，再加上外界的環境，再加上探測的設備，這得有多少個粒子？這個退相干的速度得有多快？因為退相干的速度太快了，幾乎是立即發生的事，所以誰也無法捕捉到貓的疊加態。

至此，「薛丁格的貓」這個問題就解決了。[77] 我們也可以回答開頭的問題了。貓有疊加態嗎？回答是：貓有疊加態，只不過退相干發生得太快了，我們沒有看到。

為什麼宏觀世界沒有疊加態呢？回答是：宏觀世界、日常生活有疊加態，因為退相干發生得太快了，我們才無法看到。

—•—

今天的物理學家已經不再認為「薛丁格的貓」是個悖論，但有幾個關鍵的觀念，我們得說清楚。

第一，貓的死活，仍然可以處於疊加態。是的，因為退相干太快了，所以我們觀察不到疊加態，但是你不能說宏觀物體沒有疊加態。

第二，「維格納的朋友」仍然是個悖論。在打開盒子之前，我們仍然可以認為貓處於疊加態；維格納也仍然可以認為他的朋友和那個光子一起處於疊加態，他的世界觀仍然和他朋友不一樣。你可以說那個波函數隨時都在發生變化，但那仍然是一個波函數。退相干並沒有說宏觀世界沒有波函數。退相干之後的波函數也是波函數，只不過因為太過雜亂無章，不能給你帶來美麗的干涉條紋而已。

對退相干來說，物體的重量倒不是本質問題，關鍵在於粒子太多，容易變雜亂。如果我們把貓冷凍起來，讓組成它身體的粒子都規矩一點，它的波函數退相干的速度也就會慢一點。

第三，退相干並不能解釋波函數的塌縮。

塌縮是從疊加態變成其中一個確定的態，是瞬間發生的；退相干，是從「好的」疊加態變成「不好的」疊加態，是逐漸發生的。因為退相干之後各個疊加項的相位淩亂，我們可以說這時候再用一個統一的波函數描寫這些東西已經沒意義了，但不能夠說那個波函數沒了。

第 18 章

道門法則

「對量子力學的解釋」是人類智力的一大壯舉，
你要是去一個荒島過幾個月沒有網路和電視的日子，
不妨帶上這些解釋的論文，沒事拿出來一篇，
把玩其中的精妙思想。

我們已經講到了最新的實驗研究，但是量子力學的謎題仍然沒有被破解。我們想要一個解釋。

網上流傳著一套所謂「科幻四大定律」：遇事不決，量子力學；解釋不通，穿越時空；腦洞不夠，平行宇宙；定律不足，多維度人族。

不知道你有什麼看法，我看這都是俗套。比如現在一有個不好解釋的現象，就有人會說：「這是不是多維空間的問題？」一是不是科幻小說看多了？多維空間是萬能的嗎？你知道多維空間意味著什麼嗎？多維空間這個假說帶來的問題比它解決的問題更大。

而現在各路物理學家和哲學家對量子力學的各種解釋，有的比多維空間還要離奇。事實上，科幻小說的那些俗套，正是源於這些解釋。這一章不能讓你理解量子力學，但也許能帶給你一些科幻靈感。

—•—

我們得明確一點，波耳等人堅持的哥本哈根詮釋，其實並不是一套詮釋。[78] 新一代的實驗結果讓我們進一步明白，量子力學中有三個性質，是我們不理解、有疑問的。

第一，觀測結果為什麼是隨機的？

電子自旋是向上，還是向下？光子落點是這裡還是那裡？原子在這個時間段裡到底是衰變，還是不衰變？量子力學認為，這些問題的結果是真隨機：沒有理由、無法推導、誰也不能事先確定。可是宏觀世界也好，數學方程式也好，都沒有這樣的隨機。

第二，鬼魅似的超距作用到底是如何完成的？

超距作用對愛因斯坦來說只是一個不可思議的推理結論，而對現代人來說則是個已經被實驗證明的事實。超距作用和隨機性，是量子力學最讓人無法接受的兩個硬事實。

第三，波函數到底是個物理存在，或僅僅是一個數學工具？

如果波函數只是個數學工具，為什麼光子對實驗路徑有全盤的認知？為什麼又好像能預知未來？如果波函數是個物理存在，它的「塌縮」到底是怎麼回事？從無數個可能塌縮到這一點，從無處不在塌縮到只在這裡，竟然不需要任何時間，這到底是一個什麼樣的過程？為什麼維格納和維格納的朋友對波函數有不一樣的看法？

哥本哈根詮釋要求我們不要問了，接受它們就是。這其實是一種立場和態度，等於迴避了這些疑問，更應該叫「哥本哈根不詮釋」。

物理定律的作用是符合實驗，而不是尋求真相，但你可能還是想知道一個真相。很多物理學家也是這麼想的。他們設想了各種解釋，現在有一定影響力的，就已超過十種。

簡單介紹一下其中著名的幾種。這幾種解釋都既沒有證據表明是對的，也沒有證據表明是錯的，對當前科學理解來說，它們都還「活著」。相信哪一個，取決於你喜歡什麼。

—•—

如果你喜歡宏大的世界觀，你必定早就知道「多世界詮釋」（Many-worlds interpretation），也就是「平行宇宙」。這個現在非常流行的解釋認為，在波函數塌縮的那一刻，世界發生了分叉。

為什麼我們觀測到的電子自旋向上或向下是不確定的？因為向上、向下其實都發生了。每一次波函數塌縮，這個世界都變成了兩個，甚至無數個「分身世界」：其中一個世界裡，電子的自旋向上；另一個世界裡，自旋向下。你之所以看到向上的自旋，是因為你恰好身處這個世界之中：在另一個世界裡，還有另一個一模一樣的你，他觀測到的電子就是自旋向下的。

薛丁格的貓在某個世界裡出來時是活著的，在某個世界裡是死的。世界無時無刻不在分叉；所有物理定律允許發生的事情，都在某些分身世界裡發生了。無數個你生活在無數個分叉的世界之中，經歷著因為波函數塌縮效應而產生的不同命運。

你可能覺得這個詮釋太極端了。因為要解釋一個小小的電子，竟然要複製出一整個世界？值得嗎？至於嗎？但在我看來，多世界詮釋其實是個保守的理論。

因為它保護了我們的古典觀念。多世界詮釋不需要隨機性。一切可能發生的都發生了，量子隨機性就不存在了。而且多世界解釋其實是一個非常嚴肅的數學理論。二〇一四年，杜蘭大學的物理學家迪普勒（Frank J. Tipler）證明，多世界解釋可以避免鬼魅似的超距作用的發生。[79]這樣一來，愛因斯坦堅持的那些東西——上帝不擲骰子、量子糾纏沒有超光速協調——多世界詮釋都能滿足。只要你相信世界可以分叉，量子力學就不再神祕，

你說值不值得？

如果你喜歡鬼神之說，我向你推薦「導航波理論」（Pilot wave theory）。這個理論出身名門，最早是由德布羅意在一九二七年提出的，後來被玻姆（David Bohm）在一九五二年完善。導航波理論是一個「二元」的世界觀，它把粒子和波函數分開了，認為它們是兩種不一樣的現實。

圖 18-1　雙縫實驗中的導航波示意圖[80]

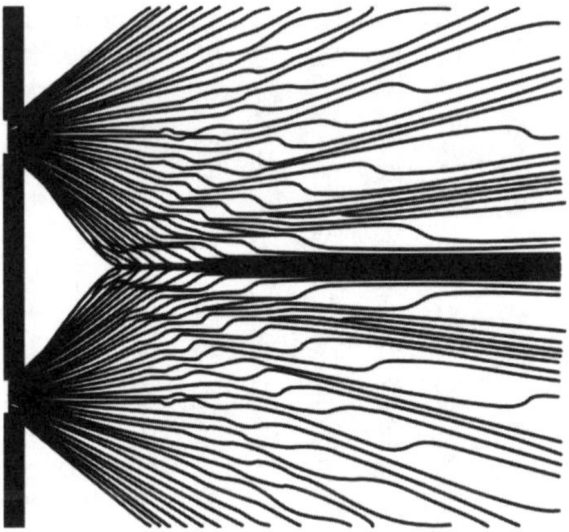

粒子就是我們平常想像的，像小球一樣、有確定位置和動量的古典粒子。但粒子自己不知道該怎麼運動，它需要「導航波」的引導。導航波取代了波函數，它無處不在，無所不知，能瞬間傳遞資訊，它代表了量子世界所有的波動現象。圖18-1是雙縫實驗中的導航波。

導航波透過某種「量子勢」告訴粒子如何運動，而粒子告訴導航波如何變化。粒子的運動仍要滿足相對論的要求，但導航波卻可以暫態、全局變化。這樣一來，超距作用就有了著落。而既然把一切神祕都推給了導航波，那麼「波函數塌縮」也就不存在了，粒子的行為都是導航波決定的，導航波永不塌縮。

最關鍵的是，導航波其實包含了愛因斯坦想要的隱變數。既然導航波是暫態和全域性的，它就會受到宇宙中所有粒子的影響。那麼此時此地這個粒子的行為，本質上就是由宇宙中所有粒子共同決定的——這就是為什麼我們無法預測它。量子力學的隨機性其實是因為干擾粒子行為的因素存在於全宇宙，干擾因素實在太多了。

這個導航波是不是有點像鬼神傳說中那個「精神世界」？它自身充滿資訊，與粒子代表的物質世界關聯在一起，卻又是兩種東西。如果能體會，甚至控制導航波，不就掌握了超能力嗎？如果能以導航波的形態存在，不就是「靈魂」嗎？這是一個挺好的玄幻題材。

—•—

如果你喜歡玄學思辨，「全像原理」（Holographic universe）和「量子邏輯」（Quantum logic）可能會讓你感興趣。

全像原理解釋認為，我們所觀測到的一切之所以讓人感覺定律不足，也許是因為需要「多維度人族」，也就是需要「更真實」的宇宙、更深層的現實。你知道電子到底是什麼東西嗎？我們對電子的一切觀測都是間接的。也許我們看到、感受到、觀測到的一切物理現象，都是某個更深層的現實所投影的。我們這個扭曲了的投影很怪異，但那個深層的現實是完全合理的。

量子邏輯解釋則認為，我們之所以不理解量子力學，是因為我們受到宏觀的日常生活的影響太大了，宏觀世界的邏輯並不適用於量子世界。一九三六年，馮紐曼和數學家伯克霍夫（Garrett Birkhoff）發明了一套量子邏輯，這個邏輯系統可把位置、動量、機率這些概念的性質全都改寫，且在數學上也自相一致。量子邏輯理論一直到今天仍然有人在增進理解，但仍未達到覆蓋整個量子力學的程度。

我認為全像原理和量子邏輯這兩種解釋的「腦洞」是最大的，它們直接挑戰我們所有的思考，提供了完全顛覆的世界觀。不管它們最終對不對，知道有這樣的世界觀存在，也是一個慰藉。

—•—

如果你喜歡穿越時空，應該研究「時間對稱解釋」（Time symmetric interpretation）和「交易詮釋」（Transactional interpretation）。

薛丁格方程式也好，牛頓力學也好，相對論也好，物理定律的方程式裡的「時間」這一項，並沒有特定的方向。我們在日常生活中感覺時間總是從過去到現在，從現在到未來，很大程度上是因為熱力學的定律，也就是熵增，而那是一種宏觀的現象。量子力學裡沒必要認為未來與過去有什麼不同。

據此，日本物理學家渡邊慧在一九五五年搞了一套時間對稱的量子力學。不但現在可以影響未來，未來也可以影響現在，波函數向著未來和過去兩個方向演化。這套理論自帶「向後」的因果關係，那麼所謂的延遲選擇，也就不成問題了。

一九四五年，費曼還在當惠勒的博士生時，惠勒突發奇想（惠勒總能突發奇想），說兩個帶電粒子的交互作用，好像不應該僅僅是其中一個向另一個發射光子，而應該是兩個粒子各自發射一個「半波」，兩個半波在空中發生一次「量子握手」。這就是所謂的「交易詮釋」。

交易詮釋的關鍵在於每個粒子的波函數不是一個，而是兩個：一個走向未來，一個走向過去。交互作用是發射方發出通向未來的波（稱「延遲波」，Retarded wave）和接受方發出走向過去的波（稱「超前波」，Advanced wave）交易的結果，而交易發生時，其他地方的波自動干涉抵消了。這個理論與導航波有點像，但是因為它有兩個波，所以它能自動完善波函數與時間的關係。

惠勒讓費曼做超前波，說你做完了，我再做延遲波。費曼如期完成了超前波的理論，還當著愛因斯坦和包立的面做了報告。包立當場表示反對，並且預言惠勒做不成延遲波……結果惠勒果然沒做成。這個理論一直到一九八六年才被克拉默（John G. Cramer）完成。

如果你覺得前面這些解釋都太過大動干戈，喜歡平淡的詮釋，「超決定論」（Superdeterminism）可以讓你立即獲得內心的安寧。超決定論認為，人根本沒有自由意志，一切事件都是在宇宙創生之初就已由物理定律決定了。

也就是說，包括在某時某刻選擇觀測某個物理現象這樣的決定，都是早就安排好的。你根據安排觀測一個粒子，與它糾纏的另一個粒子根據安排做出相應的反應，這哪裡有什麼超距作用呢？你感到很驚訝，以為這裡面有什麼了不得的資訊傳遞，殊不知一切都是按照劇本走：連你自己也只是那個劇本的一部分而已。

超決定論可能是貝爾首先想到的，現在受到了哲學家的歡迎。根據這個理論，宇宙中沒有孤立的東西，沒有獨立的事件，所有東西都和所有東西關聯在了一起。而那個關聯既決定了粒子的所作所為，也決定了我們的所思所想。

—•—

還有一些別的解釋，比如近年的「客觀塌縮理論」（Objective collapse theory）、「關係性量子力學」（Relational quantum mechanics）、「量子貝葉斯主義」（Quantum Bayesianism）等，我就不一一細說了。

如你所見，這些解釋簡直五花八門，代表各種奇思妙想。但請注意，它們幾乎都有數學上嚴格的理論形式，都做得很漂亮，而且簡直像奇蹟一樣，它們都符合量子力學的實驗結果。

「對量子力學的解釋」是人類智力的一大壯舉，你要是去一個荒島過幾個月沒有網路和電視的日子，不妨帶上這些解釋的論文，沒事拿出來一篇，把玩其中的精妙思想，也是一大樂趣。

這些論述真的很不一樣，不過它們也不是完備的，比如「電子到底是什麼」這樣的問題，仍然沒有答案。真相到底是什麼呢？只留待未來的實驗去證明和篩選，由未來的天才把這一切綜合起來，給出一個讓人不得不服的解釋。

問與答

Q 讀者提問：

「物理定律的作用是符合實驗，而不是尋求真相」這句話應該怎麼理解？符合實驗，不就是找到真相了嗎？

Q **讀者提問：**

感覺超決定論無法證偽，因為你再怎麼證明他是錯的，他還是可以說你這個證明也是早在計畫之中的。那它是一個科學理論嗎？

A **萬維鋼：**

從邏輯上來說，符合實驗只是說找到了階段性的真相，而不是最終的那個真相。這個問題涉及科學到底是做什麼的。科學並不研究世界的「本質」，科學只是總結世界運行的規律。

打個比方：現在有個特別有意思的網路遊戲，玩家在遊戲裡創建角色、打怪升級、搜尋寶物、積攢錢財，還可以交朋友、加入組織，也要為生存奮鬥，也要累積聲望。

一個小男孩和一個小女孩正在談論這個遊戲。小男孩繪聲繪色地講自己在遊戲中的種種經歷，說他一開始什麼都不會，經常被敵對陣營的人欺負，後來找到了一些規律，漸漸會玩了，在一次次的戰鬥中成長，現在是一個高手。他滔滔不絕地講了很多戰鬥技巧。他對小女孩說，你知道嗎？這個武器的傷害輸出是多少多少，防禦能力比較弱，但如果是對戰魔法類的職業就不用計較防禦……

小女孩問小男孩，你是怎麼知道這些的？

小男孩說，有些是在攻略中看到的，但是很多細節攻略裡沒有，是我自己總結的。比如你知道野外生物在多遠距離會對你產生敵意嗎？我做過一個實驗……小男孩一直講一直講。小女孩突然說，可是那些都是遊戲公司設定的啊！他們想怎麼設定，就怎麼設定。

沒錯，小女孩說得對。在這個故事裡，小女孩說的是真相，但小男孩是個科學家。這有兩個原因。

一個原因是，科學理論可以預言實驗結果。你總結一套規律，這個規律可以用於新的現象，這很有用。量子力學認為單個粒子的行為是隨機的，無法預測，這對科學哲學是一個重大衝擊，但因為量子力學可以計算一個精確的機率，它仍然可以預測一大堆粒子的集體行為，所以它仍是科學理論。

另一個原因是，我們不能對無法驗證的事情下斷言。小女孩說的確實是真相，但以玩家在遊戲之中的體驗而論，小女孩的理論沒有辦法驗證，也就是不可證偽。不可證偽的理論不能預測實驗結果。可能有些人會認為這樣的理論也很有用，畢竟能給人提供想像和安慰，但是科學不研究這些。

所以「科學」不是「正確」的代名詞，科學不研究真相。科學研究的是可以預測實驗結果的理論。

量子力學可以讓我們體會一下科學的邊疆。量子力學現在有十幾種解釋，因為沒有實驗能證偽這些解釋，我不敢說它們中有哪個是錯的。哪個解釋如果想要脫穎而出、率先得到擁護，就必須提出一個現有的量子力學理論沒有發言權、其他的量子力學解釋做不出或做出錯誤預言的實驗，然後做這個實驗，得到它預言的實驗結果。

問題是，你得能找到並且做成這樣的實驗才行。與很多人的直覺相反的是，「多世界詮釋」和「超決定論」這些說法雖然聽起來很「哲學」，但其實是有實驗預言的。

多世界詮釋預言，總會有一個世界裡，有個人會遇到特別巧的事件，以至於根本就不能用機率論解釋。這是一個著名的思想實驗，叫「量子自殺」（Quantum suicide）。我們設想把薛丁格的貓換成一個人，或乾脆連毒藥都省了，直接用一把「量子手槍」。這把槍裡面有個量子力學機制，每次扣動扳機，都有五〇％的可能性射出子彈把人打死，五〇％的可能性只發出一個聲響而不發射子彈。

一個物理學家拿著這把槍對準自己的太陽穴，每秒鐘扣動一次扳機。只要手槍擊發，物理學家就等於自殺了。

如果只有一個世界，手槍擊發與否是個機率為五〇％的事件，那我們可以想見，物理學家這麼玩，早晚會把自己打死。

但如果多世界理論是正確的，就是每次開槍都把世界分叉成了兩個，其中一個裡面的物理學家死了，另一個裡面的物理學家活著。不管開槍多少次，總有一個世界裡的物理學家是活著的！對吧？

如果現在有一個物理學家，對自己連著開很多槍，發現自己居然還沒死，他首先可能會覺得這只是巧合。於是他接著又開了更多槍，發現自己仍然活著！他會告訴自己，世界上沒有這麼巧的事情！我一定是那個一直都被分叉到「活」的世界裡的幸運兒！由此我判斷，多世界理論是對的。

當然，如果再多開一槍，他還可能會死，但是他的一個分身，會繼續活著。多世界理論和機率理論的關鍵區別就是，多世界理論認為永遠都會有一個分叉中的物理學家一定是活著的，而機率理論認為那個可能性太小了。

量子自殺實驗的麻煩在於，我們很可能不在那個幸運的分叉世界之中，沒有哪個物理學家敢這麼做實驗。

如果你遇到了一系列特別巧合的事，你對多世界解釋的信心就應該增加。

而且巧合會讓我們對超決定論的信心減少。比如我做一個量子糾纏實驗，我的實驗結果根據貝爾不等式，說明光子之間有超距作用。我對自己說，這其實只是一個巧合，是物理定律安排我在那個時刻選擇做實驗，那兩個粒子也是被安排的。

第二天，我當眾指著一塊大石頭叫了一聲：「落！」石頭就落了下來。我對自己說，這也是一個巧合，一切都是被安排的。

第三天、第四天，我每次做量子糾纏實驗都得到了同樣的結果。

那我就會反思一下自己的人生這麼巧嗎？一切都是安排好的？難道物理定律對我有什麼偏愛嗎？不能啊！不管這時候超決定論怎麼安排我，我都會降低對它的信心。

第 19 章
宇宙如何無中生有？

只要喜歡思辨，哪怕沒有任何現代化的觀測手段，單憑仰望星空，你也能問出一些有意思的問題，而且還可能猜到答案。

因為退相干速度太快，你不會在宏觀世界看到量子疊加態。那麼量子力學的那些「量子的」性質——疊加態、隨機性、量子穿隧這些東西——對宏觀世界有什麼用呢？其實物理學家一開始也不知道。惠勒有一句話是這麼說的：「遇見量子，就如同一個來自偏遠地區的探險者第一次看見汽車。這個東西必定是有用的，而且有重要的用處，但到底是什麼用處呢？」[81]

這一章開始，我們來介紹一些量子力學的「用處」。先說最大的一個：宇宙。我們的宇宙是現在這個樣子，可能多虧了量子力學。

—•—

只要喜歡思辨，哪怕沒有任何現代化的觀測手段，單憑仰望星空，你也能問出一些有意思的問題，而且還可能猜到答案。比如古代所有哲學家可能都思考過這個問題：宇宙的萬事萬物都是從哪來的？古人給過各種答案，但我敢說最接近現代科學的答案，來自中國東漢末年的年輕天才，他是曹操的女婿、何進的孫子，是著名的玄學家，何晏。

何晏的推理差不多是這樣的：萬事萬物各有各的形狀、顏色和聲音，但是從概念分類來說，應該是愈高級就愈有普遍意義、愈單一化；愈低級就愈具體、愈多樣化。比如雞和鴨，你知道是什麼樣子，但要是說「鳥」是什麼，形象就不具體了；再往高走，「生命」是什麼？你根本想不出一個形狀來。以此類推，萬物的總起源，必定是一個沒有形狀、顏色和聲音的東西。

說這個是最高級的起源也好，宇宙的規律——也就是「道」——必定是「無」。何晏說：「有之為有恃無以生；事而為事，由無以成。」

這比希臘神話說的「混沌生了大地女神蓋亞」，或希臘哲學家泰利斯（Thales）說的「水是萬物之源」是不是高級多了？如果萬物起源於水，那水又是從哪來的呢？事實上，現代科學認為宇宙包括了萬事萬物，而且的確有一個大爆炸式的起源，既然大爆炸之前什麼都沒有，宇宙的起源的確只能是「無」。

但是你還可以接著問一個問題：「無」，是怎麼生出「有」呢？它為什麼不一直保持「沒有」的狀態呢？

古代哲學家不可能想明白，這就得指望量子力學了。

在所有的學說中，量子力學是唯一一個允許事情無緣無故就發生的理論。這個原子一直都好好的，為什麼會突然衰變？沒有原因。無中生有對量子力學來說是個日常行為，量子力學認為真空都不是真正空的，隨時隨地都能冒出一對虛擬粒子，然後又互相湮滅……那從「無」中冒出一個宇宙來，似乎也不無可能。

現在物理學家對宇宙到底是怎樣起源的並沒有達成一致，理論模型很多，但是證據不足。我挑兩個最著名的說法，它們都涉及量子力學。

其中一個是霍金（Stephen Hawking）的「宇宙無邊界論」（No-boundary proposal）。一九八三年，霍金和哈特爾（James Hartle）提出一個想法，說大爆炸並不需要一個「奇

圖 19-1 宇宙起源過程[82]

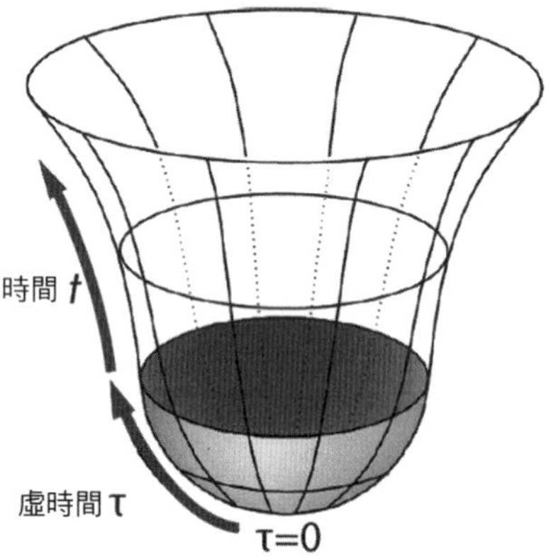

點」（Singularity），宇宙的起源過程就像圖19-1的這個毽子。

要點是它有一個非常平滑的開始。霍金說宇宙開始之前，只有空間而沒有時間。既然沒有時間，那也就談不上什麼「之前」了，這才是真正的「無」。宇宙處於一個量子疊加態，它可以有各種各樣的歷史，可以用一個波函數描寫。然後，突然之間，宇宙的波函數發生了塌縮，時間開始了。最初是虛的時間，後來變成了真正的時間，再後來是暴脹，然後才演化出萬事萬物。

霍金說我們經歷的只是宇宙眾多可能的歷史中的一個，甚至不是可能性最大的一個。還有很多別的宇宙也無緣無故地起源了，不過它們大多數都會因為「爆」得不夠好而立即消失。宇宙們就好像冒泡一樣不斷起源、不斷消失，而我們這個宇宙幸運存活了下來。

這個理論的缺點是，它保留了太多可能的宇宙，讓人覺得是不是有點太「貴」了；優點則是它去除了「宇宙之前」的問題，並且提供了無中生有的機制。這兩個特點都是量子力學給的。

霍金的模型在科普界比較流行，這是因為霍金善於寫暢銷書。其實在學術界，另一個模型可能更受歡迎。「暴脹」理論的創始人古斯（Alan Guth）早在一九八一年就提出了另一種無中生有的可能性。古斯的理論不需要對時間打什麼主意，只要給一小塊真空區域，就有可能爆發出來一個新的宇宙。

量子力學認為真空並不是絕對「空」的。不確定性原理要求能量在哪裡都不能絕對是零——不然就成了確定的。所以哪怕在真空之中，也會有小小的能量漲落，該能量稱為真空的「零點能」，這個零點能就是空間的最低能量。

圖 19-2 真真空和假真空的能量 [83]

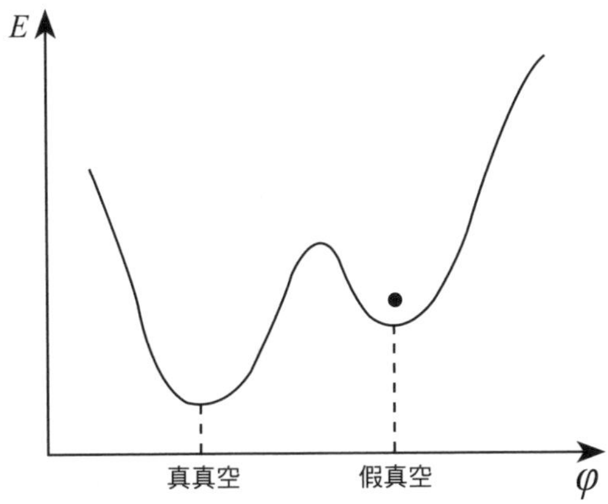

古斯的提議是，同樣是出於某種量子力學效應，某一處空間會非常偶然地得到一個比零點能略高一點的能量，大約相當於原子走向第二個能階的「激發態」（Excited stage）。這件事本來是無害的，因為那個能量也很低，發生不了什麼，這就相當於一個「假真空」（圖 19-2，圖中橫坐標不是空間距離，而是一個純量場）。

對空間中的這一點來說，假真空的能量相當於所有可能性之中的一個局部的最低點，而真真空的能量是全域最低點。本來假真空也比較穩定，不會變成真真空，但因為量子穿隧效應，突然某一時刻，假真空就衰變到了真真空，結果，宇宙起源了。

空間中的這一點因為假真空衰變而獲得了一點點多餘的能量，這點能量提供了一個負壓力，根據廣義相對論，這個負壓力變成了向外迸發的「反重力」，使得宇宙開始暴脹。暴脹是比「大爆炸」快得多的過程，相當於空間各處同時發生大爆炸。空間拉開，引力提供了負的位能，那麼根據能量守恆定律，空間各處就會衰變出正能量，這就是物質的起源。最早期的物質主要是光子，後來有了夸克、電子，又有了質子、中子……一直到今天的宇宙。

這一切都起源於一次量子穿隧。按古斯這個說法，宇宙起源於真空中冒的一個泡。

你可能會說，我們今天的宇宙中大部分空間也是接近真空的啊，那萬一哪個地方再冒一個這樣的泡，再來一次暴脹，創生一個新的宇宙，把我們現在這個宇宙給毀了怎麼辦？別擔心，真空衰變的機率極低，平均發生一次的間隔時間比我們這個宇宙的年齡大了很多很多倍。[84]

古斯的理論說量子力學讓宇宙起源，量子力學還讓宇宙不容易起源，而你應該向這兩個特點都表示感謝。那到底古斯說得對，還是霍金說得對呢？現在沒有足夠的證據。不管宇宙怎麼起源的，最初的暴脹都留下了一個痕跡，未來對這個痕跡做更精確的觀測，也許就能找到宇宙起源的直接證據。這個痕跡就是宇宙微波背景輻射。

宇宙微波背景輻射來自宇宙最初的光，它給今天的宇宙各處提供了二・七K的保底溫度，是宇宙留給天體物理學家的禮物。我們可以從背景輻射中看到很多有意思的東西，其中最有意思的一點則是，為什麼宇宙如此均勻？

其實仰望星空也能看出來這一點。放眼望去，各個方向的星星差不多一樣多，並不是所有星星都集中在一個地方。這個現象是物理學家心中的一個信仰，叫「宇宙論原則」（Cosmological principle）：在大尺度下，宇宙是均勻和各向同性的，哪裡都不特殊。

其實哪怕沒有其他證據，從這個「不特殊」，我們就已經可以猜到宇宙應該有一個起源了。不然的話，宇宙這麼大，各個地方距離這麼遠，它們怎麼互通、協調資訊，才能表現得如此相似呢？這就如同社會上有一群人，雖然分布在世界各地，想法和做法卻非常相似，那就有理由懷疑他們是有某些關聯的。宇宙的均勻，說明宇宙中的物質以前是聚集在一起的。

一方面，宇宙起源學說——特別是暴脹理論——能解釋宇宙的均勻性。但從另一方面來說，宇宙要是太均勻了也不行。如果宇宙是絕對均勻的，基本粒子就會均勻分布在空間各處，對吧？可這樣一來，又怎麼能形成那麼多恆星呢？恆星是物質聚集的產物，而且根據恆星的壽命判斷，它們必須在很早的時候就聚集了那麼多物質。之所以這裡有物質而那裡沒有，恰恰說明宇宙不是絕對均勻的。

於是，我們的問題又變成「宇宙為什麼不是絕對均勻的」。我們設想，如果宇宙是無中生有於一個特別小的點，那單純從對稱性的角度來看，它的演化似乎應該是絕對均勻的才對，畢竟沒有哪個地方有理由與別的地方不一樣。那這個不均勻，又是從哪來的呢？

答案還是量子力學。因為量子力學有不確定性，早期宇宙中所有的量子場都會有一些

圖 19-3 微波背景輻射和現在星系的關係[85]

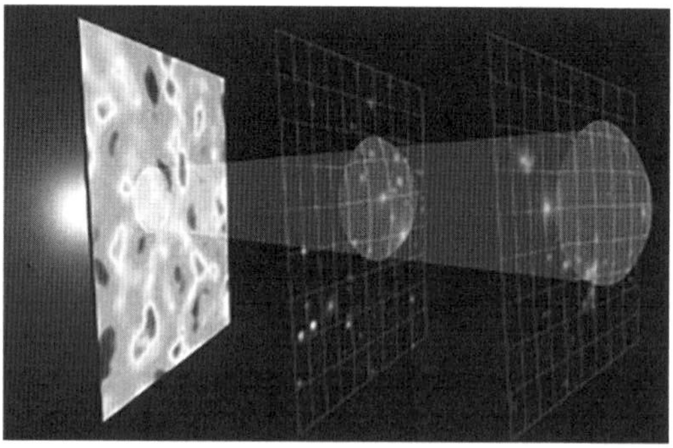

小小的波動漲落，正是那些小小的漲落造成了宇宙的不均勻。

一直到今天，我們都可以從微波背景輻射中看見早期宇宙漲落的資訊。背景輻射中顯示宇宙早期溫度比較低的地方，對應的重力場比較強，更容易聚集到物質，並且在後來的演化中形成恆星、星系乃至星系團；而溫度比較高的地方，現在就更容易是空曠的區域。圖 19-3 展示了微波背景輻射和現在星系的關係，顏色深淺代表溫度的高低。

微波背景輻射中的高溫和低溫相差多少呢？差不多是十萬分之一。量子力學這個尺度拿捏得正好：漲落再大一點，也許宇宙就太不均勻了，很多物質會聚集在一起，搞不好宇宙演化都會受影響；漲落再小一點，宇宙中就不會有日月星辰了。

量子力學既讓宇宙起源於「無」，又讓那個「無」能生「有」；讓宇宙既能起源，又不會太容易起源；讓宇宙既是非常均勻，又不是完全均勻的。如果不是量子力學，我們真不知道還有什麼機制能提供這麼好的設定。

問與答

Q **讀者提問：**

「沒有時間」是個怎樣的狀態呢？是事物的變化發展沒有邏輯性嗎？還是有太多的時間維度，而非遵循一個向量方向的發展呢？物質和時間是綁定的嗎？

A **萬維鋼：**

沒有時間，就是方程式當中沒有「時間」這個變數，也就是事情不會隨著時間變化。比如你打開一張紙質的地圖，它有兩個空間，而我們如果假設地圖的這張紙不會變質，就可以認為地圖是一個只有空間、沒有時間的東西。

如果宇宙中只有一個粒子，比如說有一個電子，因為沒有東西與它互相作用，它的運動不會發生變化，我們可以說這樣的宇宙是沒有時間的。只要有兩個粒子互相一作用，時間就誕生了。

不過有時間不等於有「時間箭頭」，那是另一個故事。

Q **讀者提問：**

為什麼發生在廣闊的真空中一個局部量子漲落的一次偶然穿隧，會引起全宇宙大爆炸一般的暴脹呢？這能量從哪來？真希望能盡可能搞懂這個接近起源的解釋。

A **萬維鋼：**

除了假真空比真真空的零點能多出來的那一點點能量，暴脹並不需要多餘的能量。宇宙暴脹的過程中，各種物質出現，包括它們的動能，都是「正能量」沒錯；但恰恰因為暴脹，物質之間的距離拉開，它們之前的重力位能也在增加，而重力位能是個「負能量」。正能量和負能量抵消，宇宙的總能量並不增加，仍然是零。不算量子漲落的話，宇宙的演化是個嚴格的能量守恆事件。

第 20 章

量子通訊除魅

有人說量子通訊能改變世界，
但也有人認為量子通訊沒什麼用。
在我看來，很多爭論都是因為人們不了解原理……
相信你了解之後，自己就能判斷。

怎麼才能把量子力學的神奇性質應用到日常生活中呢？對此，科學家可謂煞費苦心。當然原則上只要用到原子的東西，像原子鐘、雷射、半導體晶片這些，都默默地用到了量子力學——但它們並不叫「量子鐘」、「量子光」、「量子晶片」，因為它們沒有直接使用像量子糾纏那樣的性質。對比之下，民間流行的那些打著量子旗號的神祕產品，什麼量子波動速讀、量子鞋墊、量子項鍊，全都是偽科學。你如果知道製備一對相干的光子在技術上有多難，就不會相信那些東西了。

量子力學中有個技術叫「量子隱形傳態」（Quantum teleportation），原則上可以把一個量子態完美地複製到遙遠的地方而不需要時間。有人據此說量子技術可以像電影《星際爭霸戰》（*Star Trek*）裡那樣，把一個人瞬間隔空傳輸到另一個城市，這也是胡說。要知道，量子隱形傳態現在最多只能傳遞幾個粒子的量子態，不能傳遞物質本身，而且它本質上就是量子糾纏，並不能做到超光速的資訊傳遞。

而在中國引起強烈關注的「量子通訊」，則是一個真技術。因為中國在量子通訊上的領先地位，有人說量子通訊能改變世界，甚至是「第四次工業革命」的一部分，但也有人認為量子通訊沒什麼用。在我看來，很多爭論都是因為人們不了解原理。這一章我們來看看量子通訊的底層原理，相信你了解之後，自己就能判斷。

這裡面有個精妙的想法。

量子通訊要用到量子糾纏，而我們已經一再強調，量子糾纏本身並不能傳遞資訊。我們設想有一對糾纏的光子，分開很遠，兩個人各自測量一個。根據約定俗成的習慣，這兩人一個叫「愛麗絲」（Alice），一個叫「巴布」（Bob）。愛麗絲和巴布選定了一個共同的空間方向，零度角，一起測量各自光子的偏振態。

光子原本是處於「水平」和「垂直」兩種偏振的疊加態，而根據鬼魅似的超距作用，任何一個人的測量都會讓兩個光子波函數一起塌縮。如果愛麗絲測量到自己這個光子是處於水平態，她立即就可以得知巴布那邊測量的也是水平態。愛麗絲並不能用這個方法向巴布傳遞資訊，因為她無法控制測量結果。水平還是垂直的結果是完全隨機的，兩人只是共同收聽了一個資訊，就好像他們都看到世界盃現場直播進球了，但進球這個資訊不是他倆能決定的。

不過這個共同收聽到的資訊也很有用，可以用來做密碼本。只要愛麗絲不斷地製造糾纏光子對，自己記錄一個，巴布記錄一個，水平態記為「〇」，垂直就是「一」，兩人就有了一大串共同且隨機的「〇一〇〇〇一一〇〇一一一……」字元。做個簡單的轉換，這段字元就可以代表如「把這個字母向前走四位、向前走六位、向前走七位……」，透過這樣一個加密解密操作，就是兩人共同的密碼本。[86]

有了密碼本，愛麗絲就可以把自己想說的話按照這個操作加密。再透過普通的管道，比如說發訊息或者發郵件，把加密的資訊傳遞給巴布。巴布收到後，再用同一個密碼本解密。因為密碼本中的操作是完全隨機的，而且兩人只用一次，所以這就是一次絕對不可能被破譯的保密通訊。

密碼本是「收聽」來的，量子糾纏只允許收聽，真正的消息需要用另外的、傳統的、不超光速的方式傳遞，這一點非常重要，也是量子通訊的核心思想。量子通訊是個收聽密碼本——而不是傳遞消息——的方法，學術上叫「量子金鑰傳輸」（Quantum key distribution，簡稱QKD）。

但是實際操作不能這麼簡單，因為巴布無法確認他收到的光子與愛麗絲的光子是不是糾纏的。他們還需要一個驗證機制。

最早的量子金鑰傳輸協定是一九八四年班奈特（Charles Bennett）和布拉薩（Gilles Brassard）發明的，現在叫「BB84協定」。我們這裡介紹一個由牛津大學的埃卡（Artur Ekert）在一九九一年發明的協定，叫「E91協定」，其實所有這些協定的本質都差不多。為了驗證糾纏，愛麗絲和巴布要時不時改變一下測量方式。本來兩個人都是在零度方向上測量光子的偏振，現在愛麗絲要隨機選擇一些時候，在比如說向右偏轉三十度的方向上測量，巴布則隨機地選擇一些時候在向左偏轉三十度的方向上測量。這就相當於我們前面說的「戴眼鏡觀察乒乓球」，我們知道，只要兩人當中有一個偏轉了，他們的測量結果就對不上。

對不上沒關係，愛麗絲可以給巴布打個電話，告訴他，自己只在比如說第一、二、五、八、九、十一、十二、十三、十七……這幾次測量時用的是零度角，其他時候用的是右偏三十度角；巴布則告訴愛麗絲，自己只在第二、三、四、六、八、十、十一、十二、

十六、十七……這幾次測量時用的是零度角，其他時候用的是左偏三十度角。不管怎麼隨機，總會有一些時候，兩人用的都是零度角，那些測量還是能對上的。這麼一比對，兩人知道，第二、八、十一、十二、十七這些次的測量，兩人都是用的零度角，他們的讀數應該是一樣的——這些讀數就是共同的密碼本。

這麼做的好處是能驗證量子糾纏，而且不怕竊聽。

愛麗絲給巴布打的這個電話是不怕竊聽的，哪怕公開都沒關係。這是因為兩人這裡交流的只是觀測位置，而不是觀測結果，觀測結果只有兩人自己知道。

那兩人使用的那個量子糾纏的光子，會不會被人——按照習俗，這個人叫「伊芙」（Eve）——給攔截了呢？光子一旦遭遇攔截，就被吸收了，訊號中斷，而任何通訊都有可能被敵人阻斷，這沒辦法。真正需要擔心的是伊芙會不會一邊攔下愛麗絲發來的光子，一邊發給巴布一串「假」光子，讓巴布不知道訊號已經被協力廠商複製了，這也就是所謂的「竊聽」。

但是伊芙發射的光子不會與愛麗絲的光子糾纏！只有來自同一個源的兩個光子才能糾纏。只要巴布和愛麗絲確保兩人收到的光子是糾纏的，他們就知道沒有被竊聽。該怎麼知道呢？

當然是利用貝爾定理。兩人可以隨時比對一下在兩人都使用了偏轉角度測量的時候，那些測量結果的協調程度，是否違反了貝爾不等式，就知道有沒有量子糾纏了。

這就是量子通訊的好處：它不可能被竊聽，具有絕對的保密性。

要在技術上實現這一切，特別是遠距離傳輸保持糾纏態而沒有發生退相干的光子，是非常困難的。由美國國防高等研究計劃署（Defense Advanced Research Projects Agency，簡稱DARPA）資助，在二〇〇四到二〇〇七年之間，哈佛大學和波士頓大學等地連接起來，建成了一個量子通訊網路。歐洲在二〇〇八年、中國在二〇〇九年都建成了量子通訊網路。特別是中國科學技術大學潘建偉研究組做成了世界最長的量子通訊線路，而且還實現了衛星傳遞，可以說是世界最強的量子通訊網路。

但要說量子通訊會像人類發明蒸汽機、電力、電腦一樣，成為「第四次工業革命」，能改變世界，我看是言過其實了。量子通訊解決的問題僅僅是保密而已。資訊的加密解密在歷史上曾經起過重要作用，「二戰」時動不動就是英國破解了德軍密碼、美國破解了日軍密碼，但是今天，密碼的安全性並不是問題。

今天的人們使用數學家發明的「公開金鑰」（Public key），並不需要專門傳遞一個什麼密碼本。你聽說過現代有什麼破譯密碼的事情嗎？公開金鑰體系是一套軟體，是一個非常安全的系統，因為它依靠的是數學！現在讓一個本來就十分安全的東西變得絕對安全，這能算改變世界嗎？

現代真實場景中的洩密可以發生在各個環節，最常見的還是間諜，是人犯了錯誤，是人的疏忽，而非技術問題。加密技術是保密環節的長板，而不是短板。[87]

很多人推崇量子通訊，是因為公開金鑰體系有可能會被「量子計算」破解。現在最廣泛使用的公開金鑰叫「RSA」[88]，這個系統之所以安全，是因為它是基於分解兩個超大質數的乘積。把兩個大數字相乘，這個運算對電腦很容易，但是有了乘積，讓人把它分解成那兩個大的質數，對現有的傳統電腦來說就非常困難——加密容易解密難，靠的就是這一點。而即將出現的量子電腦恰好特別擅長分解質因數，不正好用來解密嗎？

所以到這一步的邏輯是：量子電腦將是現有加密方法的威脅，而為了應對這個威脅，我們必須拋棄RSA體系，使用量子通訊，確保絕對的保密。

也就是說，量子計算可能會改變世界，量子通訊的作用是確保世界不被改變。

但其實這個邏輯也是不成立的。根據最樂觀的估計，量子計算的確有可能在五年之內威脅到RSA的安全性，可數學家並非只有RSA這一種加密方法。有很多加密方法即使在理論上也不怕量子電腦。「後量子時代」的加密演算法已經出來了。光是美國國家標準暨技術研究院正在評估的加密算法，就有六十九種。[89]

量子通訊是一個精巧的、理論上能絕對保密的分發密碼本的方式，但是真談不上改變世界。能把相干態傳輸那麼遠，這個技術本身很厲害，但是要想改變世界，我們必須發掘它別的用處。

問與答

Q **讀者提問：**

為什麼伊芙接收到愛麗絲發出的糾纏的光子會被吸收，而巴布接收到卻可以收聽到裡面的訊息呢？

Q **讀者提問：**

波函數不是什麼都知道嗎？有沒有可能做一個巧妙的實驗，讓波函數在百分之九十九不吃掉光子的情況下，獲知光子的偏振方向呢？有沒有一個原理能從根本上杜絕這個可能性？

A **萬維鋼：**

這個細節是這樣的。我們要測量一個光子的偏振情況，一般是使用一個叫「格柵」的東西，你可以把它理解成宏觀像眼鏡、微觀像百葉窗的一個東西。假設格柵處於水平方向，那麼一個水平偏振的光子會百分百通過格柵；一個垂直偏振的光子卻無法通過，也就是會被格柵吸收；而一個在其他方向偏振的光子則會以一定的機率通過。

所以伊芙原則上不會吸收掉愛麗絲發出的所有光子，有一些會通過。通過了伊芙的光子，巴布再測一遍，如果他們用的測量方向相同並且正好是水平或者垂直方向，巴布將得到確定且同樣的結果。但這個不叫竊聽，因為只有一部分光子可以通過伊芙，巴布和愛麗絲對不上，伊芙破壞了愛麗絲和巴布的協調。

波函數什麼都知道，但是我們與波函數對話，只能得到塌縮之後的資訊，我們不能什麼都知道。我們不可能在不破壞一個量子態的情況下複製到這個量子態，這叫「不可複製原理」（No-cloning theorem）。

第 21 章
量子計算難在哪？

量子電腦並不是下一代電腦，
而是「另一種」電腦。
它的使命不是取代傳統電腦，
而是去完成一些特殊的任務。

你現在是否同意這一點？量子通訊並不能改變世界，它甚至不能改變「通訊」，它最多只能用來做一個備用的加密手段。那麼，「量子計算」能改變世界嗎？

現在說還是太早了。我不知道量子計算能不能改變世界，但是我覺得量子計算的確可以改變「計算」。不過，有些報導已經把量子電腦說成了「下一代」電腦，好像要掀起一場革命，完全取代現有電腦一樣，這是根本不了解情況的說法。不管怎麼發展，在可以想見的未來，管理你銀行帳號的，將不會是量子電腦。

量子電腦並不是下一代電腦，而是「另一種」電腦。它的使命不是取代傳統電腦，而是去完成一些特殊的任務。如果有人說「機器人對戰」將會取代現在的拳擊比賽，我認為這不管對不對，至少是符合邏輯的；但要是說機器人對戰能取代「體育」，那就是既不懂機器人對戰，也不懂體育。

有時候只要抓住一個事物的特點，就能對它的宿命做出一定的判斷。技術的確在不斷進步，但是有些根本的特點永遠不變。

量子計算的特點，既是它超凡的優點，又給它帶來了難以克服的困難。

—•—

量子計算，是利用「量子疊加態」做計算。

傳統電腦的最小資訊單位叫「位元」（bit），一個位元上的資訊或者是〇，或者是一。不管是早期電腦的真空管開關也好，還是現代電腦的電晶體電壓高低也好，都是用物理方法描寫〇和一這兩個狀態。把〇和一的開關操作連接在一起做成邏輯閘，再把邏輯閘連接成CPU，這樣一層一層搭起來，就組成了電腦。

量子計算的最小資訊單位，則叫「量子位元」（Quantum bit），它可以是〇，可以是一，更可以既是〇又是一：它可以處在〇和一的量子疊加態。現在你對疊加態已經很熟悉了，比如一個量子位元的態函數是：$|\psi\rangle=\sqrt{0.3}\,|0\rangle+\sqrt{0.7}\,|1\rangle$，那麼它就有三〇％的可能性被觀測成〇，七〇％的可能性被觀測成一。傳統的位元只能代表〇或者一，而量子位元則可以既代表〇又代表一。這是一個重大的好處。

比如我們考慮三個位元，它們的狀態可以是「〇〇〇／〇〇一／〇一〇／〇一一／一〇〇／一〇一／一一〇／一一一」等八種。每三個傳統位元可以代表「零到七」這八個數之中的一個，比如「〇一一」等於三。你要想把八個數都寫下來，你需要二十四（3×8）個位元，對吧？

但是三個量子位元，卻可以代表「零到七」這八個數字中的每一個。使用態函數 $|\psi\rangle=a_0\,|000\rangle+a_1\,|001\rangle+\cdots+a_7\,|111\rangle$，它有一定的機率被觀測到其中任何一個狀態——也就是「零到七」中的任何一個數字。而你只需要三個量子位元。

這就是量子計算的最根本優勢。三個量子位元可以代表八個數，N個量子位元可以代表2N個數。這是不可想像的力量！只要用上幾百個量子位元，就能代表比宇宙中所有原子還多的數。

傳統計算時，是把數字一個一個分開算，而量子計算則是把這些數放在一起算。比如你有三二七六八（2^{15}）個事物要做同一種計算，你要用三二七六八個數字代表它們。用傳統電腦，你需要至少十五個位元代表其中一個數，理論上你要對十五個位元做三二七六八次同樣的操作。而如果你有十五個量子位元，就只需要對它們做一次操作！

那你可能會問，量子疊加態不都是機率嗎？一次操作的結果怎麼能保證代表性呢？這就是為什麼我說量子計算只適合特定的問題。

哪怕你只有一個量子位元，你也可以做一件傳統電腦根本做不了的事情：生成真正的亂數。傳統電腦都是使用數學演算法，算出來的並非真的亂數，而是所謂的「偽亂數」，亂數產生得太多了，還是有可能被人抓到規律。

量子力學裡的隨機是真隨機，具有絕對的不可預測性。所以量子電腦最直接的用處就是模擬量子力學過程。最早提出量子電腦設想的人是費曼，而費曼的建議就是用它去模擬量子力學過程。

但是模擬量子力學過程可不容易賺到錢。你得能做人們很想做、傳統電腦又很難做的事情才行。一九九四年，麻省理工學院的數學家秀爾（Peter Shor）發明了一種用量子電腦分解質因數的演算法，叫「秀爾演算法」（Shor's algorithm），它比傳統電腦最快的演算法要快得多。[90]傳統算法是使用一個聰明的辦法把可能的質因數一層層篩選出來，而秀爾演算法則是同時嘗試所有可能的質因數——錯誤的答案在這個量子力學體系中會發生相消干涉，自動留下正確的答案。

一九九六年，電腦科學家格羅弗（Lov Grover）又提出了「格羅弗演算法」，能以很高的機率，從一大堆可能的輸入值中快速找到能得到特定輸出值的那個解。傳統電腦面對這個問題只能一個一個試那些輸入值，而量子電腦卻可以一起試。

人們從此開始嚴肅對待量子電腦，因為這些演算法意味著，量子電腦可以用比傳統電腦快得多的方式破解現行的加密系統，比如現在最流行的RSA公開金鑰體系。當然，如我們上一章所說，RSA只是加密方法的一種，傳統加密並不真的害怕量子電腦，但是人們需要的僅僅是一個藉口。量子電腦這麼好的東西必定有用，你需要探索精神。

以我之見，量子電腦最擅長的是給你一個機率結果，最適合面對一大堆可能性——傳統電腦必須一個一個做重複運算的時候，量子電腦可以同時對所有可能性做運算。

科研中有大量這樣的事情，比如說物理學家可以用量子電腦類比複雜的物質結構和氣體運動，化學家可以用它模擬大分子的行為和化學反應，比如可以用在生物製藥上。事實上，現在化學家已經成為第一波用量子電腦做實事的人。[91] 在企業界，空中巴士公司已經在用量子電腦尋找飛機起降的最優路徑，福斯集團在用它優化城市交通路線，Google公司則把它用在了人工智慧上。

而這些計算模擬只能給你一個「大致的」結果。我們已經習慣了傳統電腦的精確性，但是量子電腦通常只給機率。每一次運算完畢，讀取運算結果的時候，系統的總波函數會塌縮到一個特定的值，所以做一次是不夠的。用量子電腦做類比，就好像用電子做雙縫干涉實驗一樣，你必須把運算做到成百上千次，從所有結果中找一個統計規律。當然，考慮到量子計算的巨大優勢，多算這麼多次仍是非常有優勢的。

為了得到一部量子電腦，你必須能穩定製備若干個量子位元，讓它們之間保持相干性，然後把它們連接成量子邏輯閘，然後把邏輯閘封裝成處理器——相當於傳統電腦的CPU。科學家很厲害，Google 公司已經把量子處理器做出來了。

截至二〇一九年，Google 公司的量子處理器有五十三個量子位元。它們是用超導金屬實現的，兩個能階代表〇和一，用晶片連接在一起。為了保持超導特性和量子相干性，這個晶片要放在一個低溫恆溫器裡，保持接近絕對零度的溫度。整套設備的體積，能占據一個小房間。

這可是整整五十三個量子位元啊！Google 公司用它們做出了一個里程碑式的成果，叫「quantum supremacy」——有的媒體把它翻譯成「量子霸權」，好像 Google 公司在量子計算領域可以制霸全世界一樣。其實不是那個意思，這個成果準確來說應該叫「量子優越性」，意思是現在終於在這麼一個問題上，量子電腦做得比傳統電腦好。

Google 公司專門為量子電腦定制了一個問題：想像我們有一組極多的亂數，把這些亂數的組合進行一百萬次某種操作之後，結果將會滿足一個特定的機率分布，請問那個機率分布是什麼？傳統電腦做這件事必須一個一個算，哪怕用最先進的超級電腦也得算上一千年；而 Google 公司這部量子電腦因為可以把所有的亂數一起算，因此只需要兩百秒。

92 這個問題對真實生活沒什麼用，但它確實證明了量子電腦的優越性。

這僅僅是開始。傳統電腦的發展有個摩爾定律，說電腦的運算能力隨著時間會成倍地往上翻。美國量子人工智慧實驗室（Quantum Artificial Intelligence Lab）的主任尼文（Hartmut Neven）提出了一個「尼文法則」（Neven's Law）[93]，說量子電腦運算能力的增長要比傳統電腦快得多，是雙指數增長：1，2^{2^1}，2^{2^2}，2^{2^3}，2^{2^4}……也就是說，可能你昨天還感覺不到它的存在，明天它就已經改變世界了。

但是先別太樂觀，量子計算有個讓一些人感到很悲觀的重大缺陷，那就是糾錯。

因為退相干的問題，量子計算實在太容易出錯了。像Google公司這個量子優越性的演示，最後結果只有一％是有用的訊號，剩下九九％都是雜訊，這樣的雜訊對傳統電腦而言是不可想像的。

只要是計算，就有糾錯問題。傳統電腦的糾錯方法是製造冗餘，比如這段資訊只需要三個位元，那我用九個，左右兩邊各做一個備份，讀取資訊的時候少數服從多數。可是量子計算裡不能這麼做，因為量子位元不可複製。如果要複製一個量子態，就必須破壞這個量子態。

科學家還是找到了能在不觀測量子態的同時判斷它是否出錯的方法：對每一個真正做計算的「邏輯量子位元」，都要用若干個輔助的量子位元去和它重重糾纏。借助巧妙的設計，你可以透過觀測一個輔助量子位元來判斷那個邏輯量子位元是否出錯了，出錯了就用微波把它翻過來。[94]

這個原理說著簡單，但是在應用上有驚人的困難。你要真想把「以秀爾演算法破解RSA體系」這件事實用化，考慮到邏輯閘的搭配，大約需要一千個邏輯量子位元；而為了保證出錯率足夠低，你必須為每一個邏輯量子位元配備一千個輔助量子位元。這就意味著你這部量子電腦得有一百萬個量子位元。一百萬對傳統電腦來說是個小數，但對量子電腦可是太難了。如果糾錯方法沒有突破，真正實用的量子計算將會遙遙無期。

所以有人說得好：「糾錯不是量子計算的下一步，而是下二十五步。」

與波耳、愛因斯坦那一代人相比，我們已經很幸運了，我們看到了量子力學後來的進展，而我們還需要再幸運一點，才能看見帶有「量子」這兩個字的產品真正改變世界。

問與答

Q

讀者提問：

如何證明真隨機？

A

萬維鋼：

從密碼學和賽局理論的角度，隨機能給人安全感。但到底什麼是隨機？給一串數字怎麼知道它是不是真隨機？這在哲學和數學上都是個大問題。

從供給面來說，我們相信相信量子力學過程的觀測結果是真隨機。這也是目前唯一被普遍認可是真隨機的自然現象。當然這個「普遍」是有限度的，這其實只是一個「相信」而已。我們講了量子力學各種門派的解釋，凡是支援隱變數的解釋，都不承認量子力學裡有真隨機，也等於認為世界上就沒有真隨機——這一派認為世界上沒有任何事情是無緣無故發生、完全沒有規律的。

但只要你不像哲學家那麼認真，很多自然現象都可以認為是真隨機。比如每秒鐘到達地球表面一定範圍之內的宇宙射線數量，就可以認為是一個真的亂數。我們自己在家裡拋個硬幣，也可以算作隨機。

對比之下，以前的電腦因為只能執行數學演算法，而數學運算裡沒有隨機性，就只能生成一些看起來很像亂數的東西，稱為「偽隨機」。有各種各樣的偽隨機演算法。據我所知，哪怕是普通的個人電腦裡，也有內建的亂數產生器，它用的是一個物理過程，而不是數學演算法，可以說現在的電腦都能生產真亂數。所以供給面上，產生亂數不是問題。

但從接收面來說，給你一段數字，你怎麼判斷它「夠不夠」隨機，這其實是個難題。我們直覺上認為「〇一〇〇一一〇〇一一〇一」比較隨機，「一一一一一一一一一一一一」很不隨機。可如果是一段足夠長的數字，其中沒有像「一一一一一一一一一一一」這樣連續出現的一，那恰恰證明它不是真隨機，因為真隨機過程可以出現任何可能性——那過分的不整齊，恰恰就是一種整齊。

既然在供給面都不知道世界上有沒有絕對的真隨機，我們在接收面就更不可能判斷哪個數字串是絕對的真隨機了。我們能做的只是大致地看一看這串數字「夠不夠」隨機。

有一期《呆伯特》（*Dilbert*）漫畫說，有一個「人體亂數產生器」，讓他產生幾個亂數，他給出來的是「九、九、九、九、九、九」。這真的隨機嗎？這就是隨機性的問題所在——你永遠都不能肯定。

不過科學家和工程師們還是找到了一些辦法來驗證，一切都是機率。我理解這個核心判據是「這麼巧的事情，發生的機率能有多大」。如果一個人一買彩券就中大獎，連著中了十次，你可以合理推測，這不太可能是隨機的。如果一個物理學家做量子自殺實驗，發現自己怎麼都死不了，他就會推斷量子過程不是隨機過程，多世界解釋才是對的。

最直觀的辦法是把數字視覺化。大腦看一個圖形很容易看出來是不是隨機的。如果有一點點規律，你會敏感地抓到。

最簡單的辦法則是測量一下這段數字的「資訊熵」（Shannon entropy），如果資訊熵太低，那就是太有規律了，不夠隨機。

複雜的辦法則是使用各種測試軟體，搜尋「Randomness tests」可以找到它們。這些軟體的設計思想各不相同，而且不可能是完美的。

第 22 章

量子佛學

遇事不決的時候，你是否想起過量子力學？

量子糾纏能影響人的意識嗎？

量子力學的神奇性質，與生命有關係嗎？

本來你正在緊張地工作，也不知怎麼了，在毫無徵兆的情況下，突然想起了一個人。你想發個訊息問候她一下，結果剛拿起手機，就收到了她的問候。你們倆真是心意相通。你覺得這種「心靈感應」的現象，與量子糾纏有沒有關係？

有一天你在一個陌生的城市中閒逛，走著走著迷路了。前方有條小巷，你突然有一個強烈的預感，穿過那條小巷就能回到主幹道上，結果居然就是這樣。這個經歷會不會讓你想到波函數那個超越空間的感知能力呢？

打開社群網路，你看到人們正在熱議「女權」。本來你對女權沒什麼看法，你的妻子以前與你討論，你說各方都有道理，但今天有一則說法激怒了你，你發表了措辭強硬的評論，路人紛紛為你按讚。放下手機，你對妻子說，我現在是一個堅定的女權主義者！妻子說：「不對啊，你不是不感興趣嗎？」你一想：是啊，我本來沒立場，我頭腦中有幾種相反的想法，怎麼就突然變成堅定立場了呢？難道我的「女權波函數」塌縮了嗎？

遇事不決的時候，你是否想起過量子力學？量子糾纏能影響人的意識嗎？猶豫不決的想法是量子疊加態嗎？大腦裡有波函數的干涉嗎？量子力學的神奇性質，與生命有關係嗎？

—•—

中國科學院院士朱清時，猜測量子力學與人的「真氣」、種種神祕主義現象，甚至與佛學很有關係。他有一句名言：「科學家千辛萬苦爬到山頂時，佛學大師已經在此等候多時了！」[95]朱清時把從量子疊加態到波函數塌縮的過程與《楞嚴經》講的「性覺必明，妄為明覺」聯繫起來，認為「《楞嚴經》最早、最清楚地把意識和測量的關係說出來了」。

他說：「很可能意識或是『真氣』這種東西，實際上是量子力學現象，用古典物理學的電學、磁學及力學方法去測量，是測量不出來的。量子力學現象的一個主要狀態，就是剛才說的量子糾纏……」

朱清時還引用了劍橋大學教授彭若斯（Roger Penrose）等人的理論，說明有科學家正在關注量子力學和意識的關係。

朱清時說的對嗎？我們這本小小的圖書不能把你變成物理學家，但是能讓你在面對這種問題的時候有一個最起碼的直覺。你的直覺應該是量子力學與佛學沒關係。

量子很小，人很大。人體的一個細胞裡大約就有10^{14}個原子，細胞是非常宏觀的東西。大腦更宏觀了，這麼大的東西，任何量子態都會像我們前面說的薛丁格的貓一樣迅速發生退相干，你很難想像有什麼干涉和糾纏能讓人感知到……當然，這些只是我們的直覺判斷。也許生命就是如此神奇，其中就是有量子力學機制呢？

當然可以有。但我們作為知識分子，說什麼都得有點最起碼的思辨和依據，不能信口開河。根據當前科學理解，量子力學和生命的關係，是什麼狀況呢？

凡是談論「量子佛學」的，必定會提到彭若斯，我們最好先搞清楚彭若斯說的是什麼。彭若斯是與霍金齊名的物理學家，他的一本《皇帝新腦》（*The Emperor's New Mind*）

在中國流行多年，但是沒有幾個人真看懂了。他沒說量子力學為佛學找到了依據，沒說量子糾纏能解釋心靈感應，沒說波函數是人的靈魂，也沒說真氣。

彭若斯關心的，是人的意識問題。

意識是人主觀的體驗和感受。比如看見紅色的時候，你並不像機器人一樣確認接收到紅色光譜就結束了，你會有一個感受。那是一個說不清、道不明的感覺。如果一個盲人從來沒看到過紅色，你怎樣都無法用語言向他描述「紅色」這個感受。再比如說當你餓的時候，你的大腦不會僅僅生成一個「餓了」的訊號就結束，而是會感到一種痛苦。為什麼要有這些主觀感受呢？這些感受是從哪來的呢？

意識問題並不像朱清時說的那樣「是被科學拒之門外、避之唯恐不及的東西」，而恰恰是無數科學家和哲學家孜孜以求、想辦法解決的問題。但它是一個難題。

有些人認為意識是不受物理定律左右、獨立於物質世界之外的東西。有的人認為波函數塌縮必須用到人的意識，對此我們已經分析過了，我們不贊成這個說法。現代物理學家更多的是認為波函數塌縮是測量儀器的資訊決定的，與有人與否沒關係。但是透過「維格納的朋友」這個思想實驗，我們的確發現，波函數有可能是一個「主觀」的東西。

意識正好也是主觀的，那就算不是意識讓波函數塌縮，意識與波函數之間似乎也可以有關係。比如說，能不能是反過來的關係，好比是波函數決定了人腦有意識呢？

這就是彭若斯的立場。彭若斯並不是說意識不服從物理定律，他說的是意識不能用量子力學之前那些古典、確定性的物理定律解釋。彭若斯說的是人腦，不是一部傳統電腦，因為波函數場縮這樣的事情具有不可計算性。只要人腦的功能涉及量子力學過程，人腦就是不可計算的，你就不能用傳統電腦去類比人腦。

但是你也許可以用量子電腦結合傳統電腦一起模擬人腦。彭若斯和別人爭論的問題僅僅是「大腦裡有沒有量子力學」。彭若斯的立場人畜無害，與神祕學、超自然現象一點關係都沒有，純粹是一個自然科學問題。

大腦裡有量子力學嗎？

安全的答案是，沒有。

從二十世紀八〇年代到九〇年代，彭若斯先後在《皇帝新腦》，以及《意識的陰影》（*Shadows of the Mind*）這兩本書中提出猜想，人體細胞——包括腦神經細胞——的細胞質之中存在一些微小的結構，稱為「微管」（Microtubules），也許小到了足以容忍量子疊加態的程度。

如果大腦神經細胞中有量子疊加態，那麼神經訊號也許就在一定程度上是個量子過程，大腦的一些想法變化也許就是波函數場縮導致的「協調的客觀還原」（Orchestrated objective reduction）。

但是直到現在，這個猜想都沒有得到證實。[96]支持彭若斯這個猜想的人很少，反對的人很多。新一代的物理學家也不買帳，比如《Life 3.0》、《穿越平行宇宙》（*Our Mathematical Universe*）的作者，麻省理工學院的鐵馬克就曾經做過一個計算，因為退相干的速度太快，任何哪怕是分子水準的量子疊加態，都會因為存在時間太短，而根本來不及影響腦神經訊號。

你可能覺得，是不是彭若斯之外的科學家都太保守了？其實真不是。科學家是最希望弄個大新聞的人，你要是能發現大腦中——或人體的任何一個機制中——有量子過程，諾貝爾獎馬上給你。事實是一直有人在探索。比如二〇一五年，加州大學聖塔芭芭拉分校的物理學家費雪（Matthew Fisher）提出，細胞中普遍存在的磷原子，有可能會處於量子糾纏。[97]磷原子會參與到一種被稱為「波斯納分子」（Posner molecule）的大分子之中，這個大分子會參與神經訊號的傳遞。費雪認為，磷原子的自旋受環境的影響比較小，退相干比較慢，也許能夠讓兩個波斯納分子保持比較長時間的糾纏。但他的這個猜想並沒有得到證實。

—•—

量子力學很神祕，生命和意識也很神祕，你自然就容易把它們聯繫在一起。幾乎是從有量子力學那一天開始，人們就在懷疑量子力學與生命有沒有關係。薛丁格在他一九四四年出版的那本著名的《生命是什麼？》裡就曾經猜想，生命現象好像比一般的化學反應高級得多，那到底高級在哪裡呢？是不是因為生命會用到量子力學？

哪怕明知道量子現象的尺度都非常小，人們也在琢磨，有沒有什麼機制能放大量子效應在生命中的作用呢？比如說，生命遺傳要用到DNA複製，而遺傳之所以出現基因變異，是因為DNA複製過程中會出現錯誤。這些錯誤是隨機的，這才有了生命的演化……隨機？你聽著是不是很耳熟？量子力學不就是最純粹的隨機過程嗎？DNA複製出錯有沒有可能是量子力學效應呢？有人猜測是不是組成DNA的某些原子核中的質子發生量子穿隧，改變了位置，導致了基因變異。

如果你想在生命中尋找量子力學現象，穿隧效應是個熱門話題。人體中的很多化學反應都需要各種酶作為催化劑，而細胞中有些酶的動力好像太強了，速度比古典物理學所能解釋的要快。因此有人猜測，酶的反應裡面，有沒有量子穿隧呢？

這些都僅僅是不可靠的猜測。比較可靠的猜測是，量子穿隧可能與植物光合作用有關係；比較可靠但同時也比較離奇的一個猜測是，某些鳥類之所以能長途遷徙而不迷路，是因為它們的眼睛裡有一些化學反應，能透過量子糾纏感知到地球磁場；不算太可靠但聽起來比較合理的猜測是，人的嗅覺，可能用到了電子的量子穿隧。

不過這樣的猜測，都與超自然現象沒關係。

其實我非常希望大腦與量子力學有關係，我希望這個世界能再神奇一點，但是我尊重證據。

美國天文學家薩根（Carl Sagan）有句話說：「超乎尋常的論斷，需要超乎尋常的證據。」[98]你這個說法要是太過「非主流」，可以！但必須拿出讓人不得不服的證據。這一章說的所有猜測，只要證實了任何一項，都是石破天驚的成果，而且很可能會有應用價值。但科學家上天入地找遍了，也沒找到夠硬的證據。

而對於那些把量子力學與佛學、真氣之類聯繫起來的說法，你甚至不需要證據就能排除。那些說法太過玄虛，根本不能精確地用一個科學現象去描寫，又何談驗證呢？「性覺必明，妄為明覺」這句話到底是什麼意思？佛經的本意很可能根本不是說物理現象，而是心理學論斷。有個思維工具叫「牛頓的火焰雷射劍」（Newton's flaming laser sword）[99]，指如果一個東西不能用實驗或者觀測來判斷，那就根本不值得辯論。

至於心靈感應之類的，我們應該使用「奧坎剃刀」（Ockham's Razor）[100]：如果簡單的理論已經足以解釋這件事，就沒必要再訴諸別的理論了。心靈感應，用巧合就能解釋。除非有人做實驗發現，他只要默念一個人的名字十五分鐘，那個人就會傳訊息給他。我們沒必要對生活中看似意外的協調大驚小怪。預感很可能是大腦潛意識的計算；從沒有立場到堅定立場，很可能是大腦出於講故事的需要，不得不遵守自己說過的話。

量子力學與暗物質有關係嗎？與暗能量有關係嗎？與《易經》有關係嗎？與瑪雅文明有關係嗎？這樣的思維有時候能促進聯想，但你要是知道科學有多難，你就會非常謹慎。並非科學家沒有想像力或不夠大膽，而是他們知道——超乎尋常的論斷，需要超乎尋常的證據。

問與答

Q 讀者提問：

古今中外，總有一些著名學者在科研生涯的晚期或其他時候把自己研究的關注點放在一些「民間科學」方向上。對於這種現象，除了具體案例具體分析外，您覺得還可能有哪些共同的原因？

A 萬維鋼：

牛頓的下半生致力於研究煉金術。包立在物理學上是最嚴格的批評者，是「物理學的良心」，可是私下會跟著榮格（Carl Jung）玩解夢。中國有好幾個了不起的工程師和科學家，晚年研究氣功。這是為什麼呢？

我認為最根本的原因是，那些神祕的東西真的很吸引人。好奇是人的本能，如果你是因為好奇心而做科學研究，你不可能只對什麼「選鍵化學」之類的小領域好奇，你會對什麼都好奇。年輕的時候你面臨「當前科學理解」的限制，只能在人類知識前沿的那一條窄窄的線上尋求突破點，因為那條線代表了當前技術手段和理論工具所能施展的範圍。對比到老百姓的人生，就是人本來什麼都想做，但是年輕時迫於生計，只能做「當前市場允許你做的事情」。即科學家做能切實形成科學發現的事情，老百姓做能切實賺到錢的事情。

但老了之後，你可能想放飛自我。從純邏輯角度來說，誰也不能證明神祕現象都是假的。當前科技水準研究不了，主流期刊不收，那沒關係，反正也不為發論文、拚職稱，我自己研究研究不行嗎？

這就好比說有的人奮鬥半生，終於財務自由了，就開始做各種可信性較低的事情。他在內心深處可能覺得現在工作不是為了賺錢，所以這是最純粹的工作，很了不起。殊不知「賺錢」其實是可信性高的尺規，你這個東西之所以不賺錢，是因為它不大可信。其實，別人也都嘗試過，也都想過。人家之所以放棄是因為不可行，你之所以堅持並非因為你認為可行，而是因為你「不在乎可行與否」。科學研究也是這樣，科學界的評審、論文能發表在權威期刊上，有人願意給你經費，那是因為你做的這件事可信；你做的課題太離奇，人家不給你經費，那不是打壓你，而是因為不可信。

有的不可信是喜劇。比如網路上流傳各種「最強贅婿」的段子，說某大老功成名就之後隱姓埋名，為了愛情而去給一個大戶人家當上門女婿，默默「相妻教子」，受盡各種冷眼，然後偶然機會，玩票式地露了一手，把所有人都震住了。

有的不可信是悲劇。愛因斯坦到美國之後，幾乎不再參與主流物理學界的事情，專心研究自己的「統一理論」。我們現在知道，後來的很多物理進展那時還沒有出現，他看不到更深的物理，不可能做出來統一理論，他太著急了。可是愛因斯坦為什麼要在乎？他可能想著：小問題留給年輕人發論文吧，我該有的早就有了，我現在要做，就做件大的事！如果世界需要有一個人在這個問題上浪費生命，那就應該是我。

再比如前幾年有個八十多歲的老數學家召開發布會，說自己獨自工作很多年，終於證明了「黎曼猜想」（Riemann hypothesis）。在場沒有一個人相信他，大家知道他已經有點老糊塗了，但是他這麼多年的孤注一擲很可憐，因此沒人嘲笑他。

有的不可靠則是鬧劇。比如各類宣稱自己做出了突破性結果的民間科學。我認為私下鑽研一個「民間科學式的問題」，不等於民間科學。只要你保持嚴謹的態度，堅持科學方法，成與不成，你都是科學家。牛頓和包立並沒有宣布他們發明了煉金術和讀心術。而民間科學的特點是沒有超乎尋常的證據，就敢宣布超乎尋常的論斷；明明什麼都沒做出來，卻宣稱自己做出來了。

第 23 章
物理學的進化

一九〇〇年的兩朵烏雲
讓我們意識到這個世界背後可能有個詭祕的真相，
一百二十年過去了，
我們仍然沒有找到最後的真相。

量子力學的故事我們已經講完了，但是現代物理學的故事，我們才說了一點點。剩下的內容一言難盡，有特別了不起的成就，但結局有點讓人無語。

物理學是最革命的科學，物理學家非常喜歡顛倒乾坤的思想。最後一章，我們說說今天的物理學被物理學家折騰成了什麼樣子。

科學哲學家孔恩（Thomas Kuhn）有個概念叫「典範轉移」（Paradigm shift），意思是科學史上有時候會發生「幾乎所有科學家一起來一次基本觀念的轉變」的事情。比如牛頓認為光是粒子，別的科學家也都跟著把光當作粒子；後來馬克士威證明光是電磁波，所有科學家就都把光當作波來研究；量子力學出來，大家又都認同了「光子」的存在。典範轉移不是瞬間的，但它是整個科學界的巨變。

到了二十世紀三〇年代，量子力學的基本理論就已經齊備了，此後主流物理學家就不再研究量子力學。那他們研究什麼呢？物理學又發生了什麼典範轉移呢？

答案是……我看現在已不能叫典範轉移了。現在每個物理學家都夢想自己弄個完全不一樣的說法，然後大家都跟著我轉移。現在有很多新典範，但誰也不知道該不該轉移。

—•—

我們從物理學的四種交互作用說起。這已經是一個典範轉移，因為以前大家都把引力、電磁力這些叫「力」（Force）。「力」這個說法有點土氣，力的場景是我用力推你一下，你就會往我的力的方向運動，太簡單了。物理學家發現，力與運動的關係可以很複雜，叫交互作用更恰當。

前兩種交互作用是我們熟悉的引力和電磁交互作用。它們描寫了原子核之外，我們日常生活所能接觸到的所有運動。化學家、生物學家、火箭科學家……除了物理學家之外，各行各業所有的專家，會算一個引力，會算一個電磁交互作用就夠了。但是物理學家負責解釋這個世界，就必須想得更深。

我們想想原子核。原子核是由不帶電的中子和帶正電的質子組成的。這些質子們聚集在一個這麼小的地方，它們的正電應該讓它們互相排斥才對，是什麼力量把質子和中子們拉住，不讓它們散開的呢？

這就是第三種交互作用——「強交互作用」。一九六四年，葛爾曼（Murray Gell-Mann）和茲威格（George Zweig）提出，並且後來被實驗驗證，質子和中子都不是最基本的粒子，它們都是由「夸克」組成的。夸克有六種類型，又叫六個「味道」，分別是上夸克、下夸克、魅夸克、奇夸克、底夸克和頂夸克。比如質子是由兩個上夸克和一個下夸克組成的，中子是由兩個下夸克和一個上夸克組成的。

夸克的每個味道又有紅、綠、藍三種「顏色」。當然不是真正的顏色，夸克的顏色就好像電子和質子的電荷一樣，代表它們對強交互作用的受力方式。質子和中子各自的三個夸克因強交互作用被綁在一起，綁好後還多了一點強交互作用，又把質子和中子們綁在一起。描寫強交互作用的理論，叫「量子色動力學」（Quantum chromodynamics）。

圖 23-1 原子核中的中子變為質子的過程[101]

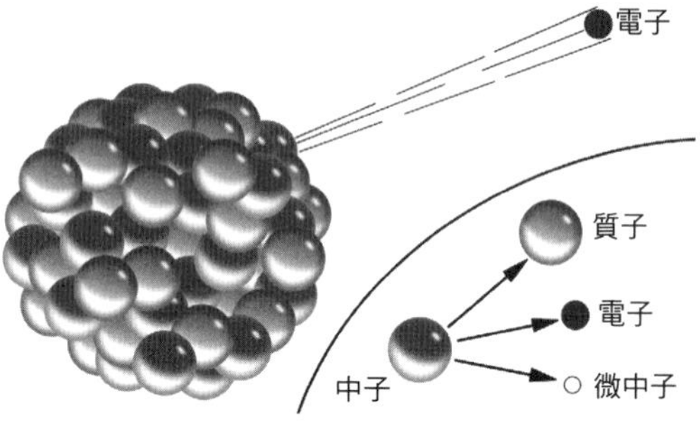

原子核裡還有一個過程，一開始叫「β衰變」，是強交互作用也解釋不了的。β衰變是指，有時候原子核本來好好的，突然從內部釋放出來一個電子和一個微中子，結果是其中的一個中子變成了質子（圖23-1）。

一九三二年，義大利物理學家費米（Enrico Fermi）斷定β衰變是第四種交互作用導致的，稱為「弱交互作用」。現在我們知道β衰變其實是一個夸克變成了另一個夸克。包括夸克和電子在內，所有的費米子——也就是自旋是1/2這樣半整數的基本粒子——都會受到弱交互作用的影響。微中子也參與，而且只參與弱交互作用，這就是為什麼微中子這麼難以探測。

所以，交互作用不但能影響粒子的運動，而且能讓一個粒子變成另一個粒子，這比我們印象中的「力」是不是複雜多了？這些交互作用到底是怎樣發生的呢？兩個粒子之間是用什麼方式互相影響的呢？

—•—

牛頓是把重力當成了一種超距作用，不管距離多遠，只要那裡有個星體，你就能感受到它的重力，重力好像可以隔空傳輸。到了馬克士威和愛因斯坦，超距作用顯得太荒唐了。仔細想想，必須得與一個什麼東西發生接觸，你才能感受到力，不然你這個感受是如何傳遞的呢？那一代物理學家發明了「場」這個概念。

場是一種瀰漫在空間中、一定範圍之內無處不在的東西。電磁力有電磁場，電磁波就是電磁場的波動。重力有重力場，根據廣義相對論，就是時空本身的彎曲。不是兩個帶電粒子直接發生關係，而是它們各自與此地因為它們的存在而存在的電磁場發生關係。

圖 23-2 扔鐵餅示意圖[102]

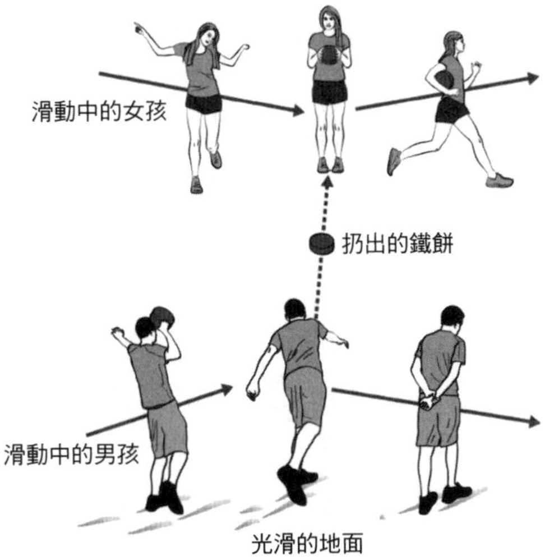

場的概念非常完美……但量子力學出現了。量子力學認為電磁場根本不是一個連續的東西，而是一個個的「光子」。那在光子的視角下，電磁交互作用是怎樣的圖像呢？

這就是融合了量子力學和狹義相對論的量子電動力學。量子電動力學認為，兩個帶電粒子之間，是透過交換光子來發生交互作用的。

圖 23-2 很有意思，我打個比方：想像我倆在一個絕對光滑的冰上曲棍球場裡各自運動。地面太滑了，我們不能借

力，只能依靠慣性前進，眼看就要互相撞上了。但是我手裡抱著一塊很重的鐵餅，我突然把鐵餅扔給你。因為鐵餅的反作用力，我的路線獲得了偏轉。而你接住鐵餅，因為你吸收了鐵餅的衝力，所以你的路線也偏轉了。一個站在遠處的人要是看不見那塊鐵餅，還以為是我倆發生了碰撞。

我倆就是兩個帶電粒子，鐵餅就是光子，這個過程就是電磁交互作用。實際過程複雜得多，可能我們不止交換了一個光子，可能你還會先發出、再吸收一個自己的光子，所有這些情況形成量子疊加態，可以用費曼圖表示（圖23-3），要做一個很麻煩的計算。

圖 23-3 兩個電子碰撞的部分費曼圖[103]

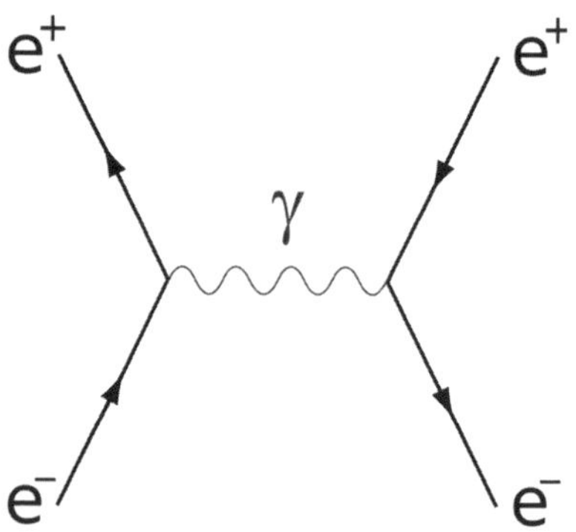

既然電磁交互作用是交換光子，那其他的交互作用會不會也是交換什麼東西呢？這就引出了量子場論。

量子場論認為，所有交互作用的場，都是以某種粒子的形態存在的，交互作用就是交換這種粒子。楊振寧先生用「楊－米爾斯理論」為量子場論做出了關鍵貢獻。

量子場論認為強交互作用是夸克之間透過交換膠子實現的，弱交互作用則交換了三種粒子，Z_0、W_+和W_-。這個「交換粒子」的圖像，是不是比牛頓的超距作用，或馬克士威的場都要好？它不但明確說出「力」到底是什麼東西，而且既然都是由粒子傳播的，力的傳送速率自然不能超過光速。

但物理學家的野心不止於此，他們還想把這一切都統一起來。

所謂「統一」，就是以前你覺得這是兩個完全不同的東西，而現在有個理論，發現它們在更高的層面上其實是同一種東西。比如古人認為人和黑猩猩非常不一樣，現在我們知道人和黑猩猩有九八%以上的基因都是相同的——在基因這個層面上，我們同源同種。

量子電動力學把量子力學、電動力學，以及狹義相對論統一起來了，可以說是同一個理論。

一九六八年，薩萊姆（Abdus Salam）、格拉肖（Sheldon Glashow），以及溫伯格（Steven Weinberg）把弱交互作用和電磁交互作用統一起來了，稱為「電弱交互作用」（Electroweak interaction）。

本來量子場論認為傳遞弱交互作用的那三個粒子也與光子、膠子一樣是沒有質量的，但是實驗結果強烈支持它們有質量，這是怎麼回事呢？後來是英國物理學家希格斯（Peter Higgs）提出了一個機制，說宇宙空間中彌漫著另外一個場，這個場不但賦予了Z_0、W_+和W_-粒子質量，而且賦予了電子之類的「輕子」和夸克質量。根據量子場論，有場就得有粒子，這個粒子就被稱為「希格斯玻色子」。

到十九世紀七〇年代，強交互作用、希格斯機制這些都被統一進來，形成了一個統一三種交互作用的大理論，這就是標準模型。

圖 23-4　標準模型中的所有基本粒子[104]

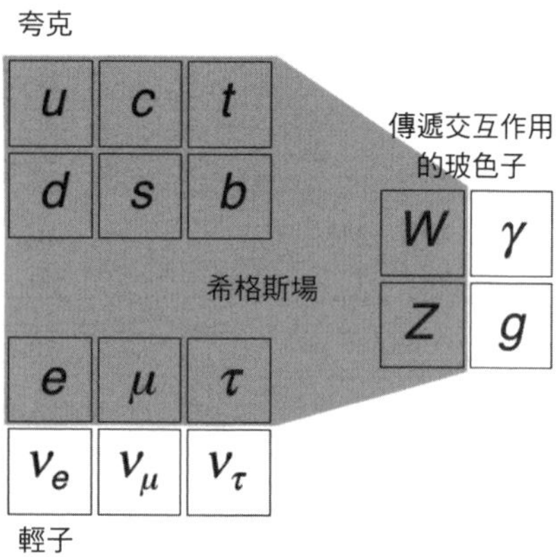

在標準模型眼中，世界上所有的粒子只有三種：一種是「感受」交互作用的粒子，包括夸克和電子之類的輕子，它們都是費米子；一種是傳遞交互作用的粒子，包括光子、膠子、Z_0、W_+和W_-，它們都是自旋為整數的玻色子；外加一個希格斯玻色子（圖23-4，圖中沒有列出各種粒子的反粒子）。

想想看，面對這麼一個模型，理論物理學家得有多自豪？除了電子是實驗發現的，其他的基本粒子全都是理論物理學家先用數學方程式預測有這麼一個事物，然後就真的在實驗中觀測到了這麼一個事物！而做成這一切大概只用了二十多年。

這個世界的密碼就在標準模型裡。但是且慢，那重力呢？

—•—

我們要不要把重力場也來個量子化，證明重力是由「重力子」傳播的？從十九世紀七○年代到現在，四、五十年來，有上千個物理學家殫精竭慮就想做這一件事。他們想把標準模型和廣義相對論統一起來。廣義相對論是個確定性的理論，標準模型是個量子理論，它們能統一嗎？

新一代理論物理學家的思想比波耳開明，精神比包立強勢，他們中的有些天才人物在比海森堡更年輕的時候就開始參與物理研究，他們會的數學遠遠超過狄拉克……但是他們再也沒有得到過上一代人似乎輕鬆就能得到的榮譽。

一九六四年，包括希格斯本人在內的六個物理學家發表了三篇論文，同時預言了希格斯玻色子的存在。優秀的理論家如此之多，以至於後來諾貝爾獎都不知道該發給誰。二〇一二年，大型強子對撞機終於找到了希格斯玻色子，而這也可能是理論物理學家的預言最後一次被實驗證實。

那過去的這四、五十年，理論物理學家做出了什麼呢？比如「弦理論」（String theory）。因為要統一廣義相對論和標準模型，必須進入「普朗克長度」那麼小的尺度，而兩個粒子在這個尺度上碰撞會形成無窮大的「奇點」，物理學家想了一個新典範。這個典範認為基本粒子不是點狀的東西，而是一個個蜷縮起來的「弦」或「膜」。

弦理論涉及多維度空間和極其複雜的數學，這對理論物理學家都不算什麼，難處在於，弦理論不止有一種。人們一度找到五種不同的弦理論，後來在一九九四年，大家意識到它們其實是同一種理論，稱為「M理論」（M-theory）。但很難說M理論就是能一統江湖的那個終極理論，因為M理論預言的世界，不止有我們這一個。

M理論認為宇宙有無窮多種可能性，我們只不過是幸運地生活在其中一個比較適合生命存在的可能性當中而已。當然這樣的理論也不能說不對，可怎麼證明呢？一切皆有可能？這與量子力學的多世界解釋不是差不多嗎？這還是科學嗎？

M理論之外，理論物理學家還弄了一些可以相提並論的其他理論，比如「迴圈量子重力」（Loop quantum gravity）。這些理論與M理論的確能對我們這個世界做出一些不一樣的預言，可是有人估計，要想驗證這些預言，你需要建造一個像太陽系那麼大的加速器才行，因為涉及的能量太高了。

物理學原本是一門起源於實驗、用實驗做出最終判斷的科學。可是現在最新的物理理論已經和實驗說不上話了，這還是物理學嗎？

量子力學我們就講到這裡。一九〇〇年的兩朵烏雲讓我們意識到這個世界背後可能有個詭祕的真相，一百二十年過去了，我們仍然沒有找到最後的真相。我們不知道大自然還允不允許我們繼續尋找……我們甚至不知道，世界背後到底是有一個真相，還是有無數個真相？

問與答

Q　讀者提問：

電子、質子、中子和光子，我比較能相信它們是真實存在，畢竟這些都有實際的應用。但像夸克，它存在時間非常短，難以檢測，應該是用某些比較間接的方法證實的，物理學家靠什麼來確信它們的存在呢？

A　萬維鋼：

其實我們對所有微觀世界的了解都是間接的。從馬克士威那個年代開始，物理學就進入了幾乎完全依靠儀器去感知世界的階段。我們不可能看見一個粒子，看到的只是它留下的痕跡。

像電子和質子這些穩定的帶電粒子，使用「雲室」（Cloud chamber）之類的設備，我們能看見它們在電場中走過的軌跡，我們可以透過軌跡算出它們的質量和電荷。而大多數基本粒子其實都不穩定，幾乎是一自由或一被創造出來，就很快衰變成了別的粒子。如果壽命比較長，我們仍然能看到它的一段軌跡；如果壽命太短，我們就只能觀察到它們衰變的產物。

而夸克又是一種更為奇特的東西。物理定律有個規則叫「夸克禁閉」（Quark confinement），禁止自由的夸克存在。一個自由、裸露的夸克會有「顏色」，而根據量子色動力學，裸露的顏色會立即製造出別的「有色」粒子，與它組成無色的粒子。這樣一層一層連鎖反應，一個自由的夸克會導致很多由夸克組成的強子產生，並且形成強子「噴射」，直到耗盡最初的能量。

物理實驗的做法，是比如先透過加速器，把兩個質子加速到極高的能量，讓它們發生對撞，這一撞就可能撞出幾個「自由」夸克。然後去觀測那個夸克帶來的強子噴射。

那從邏輯上來說，既然真正自由的夸克不能直接探測到，我們為什麼相信夸克這個東西存在？而不是因為別的什麼，讓對撞直接產生了強子噴射呢？因為有夸克的那個理論模型能完美且無比精確地解釋這一切，而其他沒有夸克的模型則不能做得這麼好。

所以從根本上來說，物理理論只是模型。這就是為什麼標準模型叫「模型」。

難道別的理論就不是模型嗎？你見過電子嗎？你憑什麼相信那條運動軌跡就代表電子？其實包括我們能親眼看到的東西，比如我現在用的這個鍵盤是否真的存在，也是可以質疑的。一切都是模型。

Q

讀者提問：

萬老師，你個人認為理論物理學家和實驗物理學家，誰更厲害呢？

A　萬維鋼：

要是問二十多歲的我，我肯定回答理論物理學家最厲害。理論物理學家書寫物理理論，他們有靈感和洞見，他們的思想直指直接的奧祕，他們做的是大師的事情。對比之下，實驗物理學家似乎只是老老實實地完成別人的設想。理論物理學家中出了那麼多如愛因斯坦、費曼這樣的英雄，留下無數傳說；實驗物理學家有什麼英雄事蹟呢？儀器壞了怨包立嗎？

但是現在，我認為實驗物理學家更厲害。他們至少在做腳踏實地的事情！他們使用最新奇的儀器，其中很多都是他們自己發明的，別人根本用不上；他們試探最極端的環境，他們的任何成果都是大自然的真實現象。一個現代粒子物理實驗的論文，可能有六百個人署名——每個人都看似不起眼，但每個人都很有用。對比之下，理論物理學家愈來愈陷入空談。

我在美國洛斯阿拉莫斯國家實驗室做過幾年物理研究，我們那個組都是做空間電漿理論的。有一次中午吃飯時閒聊，組裡一個美國人說他父親是個農民，家裡有個農場。我們一聽都肅然起敬，紛紛感慨：你父親做的事是絕對有意義的，因為他為人們提供食物；而我們發的這些論文，到頭來誰也不知道是否真有用。

番外篇 1

要不電子有意識，要不一切都是幻覺

這個問題對我們的日常生活完全沒影響……

但是沒影響不等於這個問題不存在。

有一個特別重大的問題——這個問題如此之大，以至於你可能從來都沒發現它是一個問題。我們這一篇的內容不是給你解惑，而是讓你理解這個困惑是什麼：我想讓你知道現在世界上的頂級大腦在思考一個什麼問題。

這個問題是：構成我們這個世界的這些物質，到底是什麼？

軟體和硬體

你可能會說，這不是很明顯嗎？世界當然是由原子、光子、力、場等這些物理學上的東西組成的。但這個回答還不夠好。

為了讓你意識到這個問題的確是一個問題，我來打個比方。

設有人為你介紹了一個相親對象，叫小靜。介紹人對你講了很多有關小靜的事，比如她有很多追求者、她還沒有男朋友、她的工作是教小學生英語、她把工作處理得井井有條，乃至於她與學生、家人、朋友、同事、領導方方面面相處得都很好，以及她喜歡畫畫……類似這樣的描述。

那，你願意根據這些描述決定是否與小靜交往，甚至結婚嗎？

先別著急回答。在某種意義上，你對這個問題的回答，決定了你對我們生活的這個物理世界的立場。

上面那些描述的特點是，它們都是側面描寫——介紹人告訴你的都是小靜做些什麼，以及她和周圍事物的關係。介紹人完全沒告訴你小靜本人是什麼樣子。

當然你可以做一些推測，比如說，既然小靜有很多追求者，那可以想見，她應該長得很有吸引力，是個漂亮的人。但請注意，所謂「有吸引力」、「漂亮」，本質上仍然說的是她和周圍人的關係；「她具有吸引異性的特質」仍然是間接的關係推斷。你不親自看一眼，就不能感知到小靜。

從實用主義角度，知道小靜做些什麼，以及她與周圍事物的關係，似乎就足以讓你理性地決定了——這麼多人喜歡她，那你應該也會喜歡她，她應該會是個理想的妻子……但你仍不知道小靜到底是個什麼樣的人，你對小靜缺乏主觀的感受。

主觀的感受重要嗎？「是什麼」有意義嗎？這就是問題的關鍵所在。

我們現在的一切物理學，乃至將來可能發現的一切新物理學，都是關於物理世界裡的各種東西做些什麼，以及它們和周圍事物的關係的學說。

比如說電子。我們知道電子有電荷，所以它會在電磁場中做特定的運動；我們知道電子有質量，所以它會對重力場——或者說對時空的彎曲——做出相應的反應；我們知道電子有自旋，那意味著它會參與角動量守恆的遊戲。而電子的一切物理性質，包含電荷、質量、自旋，都是關於它怎麼運動，以及它與其他事物關係的性質。

物理學對電子的描寫，就如同那介紹人對小靜的描述。

那請問，電子本身本身是個什麼東西？

電子與小靜的區別在於，你可以看見小靜，但看不見電子，因為電子實在太小了。但是看不見，不等於理論上不存在。電子的存在，是一種什麼樣的存在呢？

我再換個說法。我在「精英日課」專欄講邏輯學時曾經說過，邏輯是對真實世界的抽象。真實世界裡並不存在數字「2」這個東西——真實世界裡存在兩個蘋果、兩個人，總是用某些具體的東西表現出數字「2」；單純的數字「2」，只存在於抽象的柏拉圖世界之中。也就是說，真實世界等於「抽象關係」加上「實體」，真實世界是抽象關係的實體化。這個說法很直觀，但如果我們深究真實世界，一直落實到物理學的層面，一直落實到電子的尺度，就會發現這個說法可能有問題。

所有的物理定律，都僅僅描寫了電子遵守的抽象關係。物理學從來沒有談論過電子的「實體」是什麼。

抽象關係是完全數學化的，是軟體。那硬體是什麼？

數學宇宙

鐵馬克在《穿越平行宇宙》這本書中提出一個假說，叫「數學宇宙」。這個假說認為真實世界裡的一切都是數學的產物，可以說只有軟體，根本就沒有什麼硬體。

電子是什麼呢？鐵馬克認為電子僅僅是一個數學結構，就好像數學裡的「立方體」。一個抽象的立方體只有數學結構，和數字「2」一樣，沒有實體，完全是軟體。[105]

伸手摸一摸身邊的牆壁，你能感受到牆壁的硬度和溫度，有一種很實在的質感。可是在實體層面，你的所有感覺都只不過是電磁交互作用而已。電磁力在宏觀上表現為一種分子間的斥力，讓你的手不能穿牆而過；組成牆壁的物質，其分子的熱運動決定了牆壁的溫度。而所有這一切機制，都只不過是數學關係。

你以為感受到了牆壁，其實是數學關係決定了物理行為，物理行為決定了化學訊號，化學訊號傳遞到你的大腦而已——這些都只不過是軟體！

硬體似乎根本不重要，也許我們是生活在一個電腦類比世界之中。

現在，我想再深入分析這個問題：「硬體不重要」和「硬體不存在」應該是兩回事。如果我們生活在電腦類比世界中，又是哪部電腦在模擬呢？那部電腦的硬體是什麼呢？你可以說硬體不重要，但是你要說硬體根本不存在，那問題可就大了。

如果硬體根本不存在，就意味著這個物理世界——包括我們和我們的一切行為——都只不過是早已存在、一直存在，而且永遠存在的數學形式。這個道理可以這麼理解：就算沒有任何硬體，也存在一個抽象的數學世界，而在那個世界裡，二加二也等於四。數學獨立於硬體存在。

或者說，我們的存在，只不過是數學意義上的存在，我們與數字「2」一樣，也是純邏輯的存在。真實世界等於抽象關係。

也可以說，如果根本沒有硬體，就意味著所謂的真實世界，只不過是個幻覺。

關於物質的「難的問題」

真實世界裡的物質，除了代表它們的結構和關係的數學性質之外，還有沒有什麼「實在」？這是一個困擾哲學家好幾百年的問題。與牛頓同時代的數學家萊布尼茲（Gottfried Leibniz）就已經開始問這個問題，到後來的哲學家羅素（Bertrand Russell），一直到今天的眾多哲學家都在思考。這個問題被稱為「關於物質的『難的問題』」，英文叫「the hard problem of matter」。

相應的，各種物理定律描寫的只是物質的行為，而不是物質的本身，所以可以算作關於物質的「簡單問題」。

這個難的問題，不但現在無解，就算將來我們了解更完整的物理定律、更精細的物理學，也於事無補。對小靜的側面描述再精確，你還是沒見過她，你還是不知道她「本身」是什麼樣。

這個問題對我們的日常生活完全沒影響。我們只要知道這個世界是怎麼怎麼運行的就已經夠了，沒必要為了生存而追問軟體或硬體的事情——那甚至根本就不是科學問題。事實上，就算你見過小靜，甚至已經與她結婚多年，你也沒必要真正理解理解她是什麼——哪怕她是AI，是妖怪，你只要熟悉她的脾性，能夠很好地與她相處就可以了。

但是沒影響不等於這個問題不存在。如果你不迴避，而是直視這個問題，那麼在邏輯上，你只有少數幾種選擇。

紐約大學的一位女性哲學家，海達·默克（Hedda Mørch）二〇一七年在《鸚鵡螺》（*Nautilus*）雜誌發表了一篇長文，介紹了當今哲學界對這個問題的幾派看法。[106]

如果你像鐵馬克一樣認為根本就沒有什麼「硬體」，一切都僅僅是數學形式，那麼你可以說真實世界其實是個幻覺，沒有什麼實體。

但如果你認為真實世界裡的物質除了數學性質之外，還有實體，那麼現在哲學家的看法是，這個實體與我們常說的「關於意識的『難的問題』」有關。

關於意識的「難的問題」是這樣：意識這個東西，作為人的一個純主觀的感受，到底是什麼？答案是它應該是一切物理規律——也就是數學性質——之外的某種東西。

而既然物質的實體也是數學性質之外的某種東西，現在就有很多哲學家把這二者聯繫起來，認為它們其實是同一種東西。意識就是物質的實在。

表面上來看，你可能以為大腦的結構是硬體的，意識是軟體的——但這麼一分析，我們發現很可能大腦的結構是軟體的，意識才是硬體的！

這個理論，叫「兩面一元論」（Dual-aspect monism），有些論文翻譯成「一體兩面論」、「兩視一元論」。所謂一元，就是構成我們大腦和構成物質世界裡其他物質的，是同一種物質。說白了，就是人體內沒有「靈魂」之類的特殊物質。而所謂「兩面」，就是這個東西既構成了物質的實在，又提供了意識。

換句話說，電子也有意識。電子的存在，就是它的意識。因為只有這個東西，才是排除電子的行為、結構和與外界關係那些數學描述之後，剩下的電子本身的東西；也只有這個東西，才是人的感知中排除所有物理規律之外主觀的東西。

你終於理解了小靜，等於你終於意識到小靜的本身，等於你終於意識到小靜的意識。

這個「兩面一元論」有一個溫和版和一個激進版。溫和版認為電子之類的實在比意識還低一個層次，必須組合起來才算意識；激進版認為電子的存在就是意識，只不過沒有人的意識那麼複雜而已。

那電子的意識到底是怎麼組成人的意識的呢？這仍然是一個非常難的問題，但默克認為，這總比從一堆完全沒有意識的原子中無端生出一個意識要容易得多。

這基本上就是當前哲學界對物質和意識的最新看法：你要不相信世界是虛幻的，要不相信電子有意識。

我自己的立場差不多是這樣的：在感情上，我強烈希望意識和世界都是真的；但是在理智上，我愈了解物理學，就愈覺得世界是個幻覺。

如果經常思考這種問題，你恐怕就無法享受歲月靜好的生活了，對此我表示抱歉——但在我看來，「歲月靜好」等於「渾渾噩噩」。不管真實世界是不是幻覺，歲月靜好絕對是幻覺。

番外篇 2

這個宇宙的物理學並不完美，而這很值得慶祝

我們直覺上總認為物理定律應該滿足完美的對稱性，
所以世界才會如此井井有條。
殊不知……留下幾個小到不能再小的漏洞，
才有了這個多姿多彩的世界。

我們這個宇宙裡的物理學有個怪異的性質，讓物理學家感到……該怎麼說呢？有點不自在。

我們來想這麼一個問題：有一個物理學家，他從來不直接觀看這個世界，總是透過一面鏡子觀察世界，他看到的一切物理現象都是真實世界的鏡像。你說，這個物理學家總結出來的物理定律，與我們總結的物理定律是一樣的嗎？

這是一個很怪的問題，你可能會說，為什麼要思考這樣的問題？確實，物理學家原本以為這根本就不是問題。鏡像裡的世界當然應該和我們的是一樣的：熱氣一樣往高處走，水一樣往低處流，牛頓定律、愛因斯坦相對論，包括量子力學，從來都沒有過關於「左」和「右」的規定——左右都一樣，對吧？當然大多數人都是右撇子，但那只是一個文化習慣，與物理定律沒關係。把任何一個影片透過鏡子看，你要不說，誰也看不出來裡面的物理學過程有什麼不對的地方。

但是在一九五六年，有兩個來自中國的年輕人——一個叫楊振寧，一個叫李政道——說，鏡子裡的物理學，應該與真實世界裡的物理學不一樣。

他們這個說法解決了困擾當時物理學界的一個謎，這個解法實在太離奇了，除了他們兩個誰也沒往這個角度想。然後過了不到一年，另一個中國人——吳健雄女士——做實驗證明了他們的理論。楊、李二人因此拿到了諾貝爾物理學獎。

楊振寧和李政道的獲獎發現是：弱交互作用的「宇稱」不守恆。我先講解一下這句話是什麼意思。

「宇稱」，簡單來說就是鏡像對稱性，英文叫「Parity」，用字母「P」表示。一般的物理定律都是「宇稱守恆」的，也就是說在鏡子裡看和真實世界裡沒區別。吳健雄要證明鏡子裡的物理學與我們的物理學不一樣，不可能走到鏡子裡去做實驗，但是她可以弄兩個互為鏡像的裝置。

在楊、李二人的建議下，吳健雄選擇了考察鈷六十原子核的衰變。她用磁場控制原子核，並且把溫度降到接近絕對零度，這樣原子核的姿態便很穩定。在一個裝置裡，吳健雄讓鈷六十原子核「左旋」，也就是繞著自身左轉，而在另一個裝置裡則「右旋」，這樣兩個裝置正好互為鏡像。

這個左旋和右旋是什麼意思呢？我們想像一個粒子正在一邊沿直線前進，一邊繞著自身旋轉。

現在伸出你的右手，做一個豎起大拇指的手勢。用你的大拇指指向粒子前進的方向，這時候將你的其餘四個手指彎曲，如果指尖的方向正好是粒子自旋轉動的方向，那麼我們就說這個粒子具有「右手徵」，也叫「右手性」；反之則是「左手徵」，或稱「左手性」。這個手勢與中學學過的「右手螺旋定則」（Right-hand rule）很相似。

右手性和左手性，正好互為鏡像。

好，現在吳健雄弄了一堆右手性的鈷六十原子核，以及一堆左手性的鈷六十原子核，

圖 25-1　右手性和左手性鈷六十原子衰變[107]

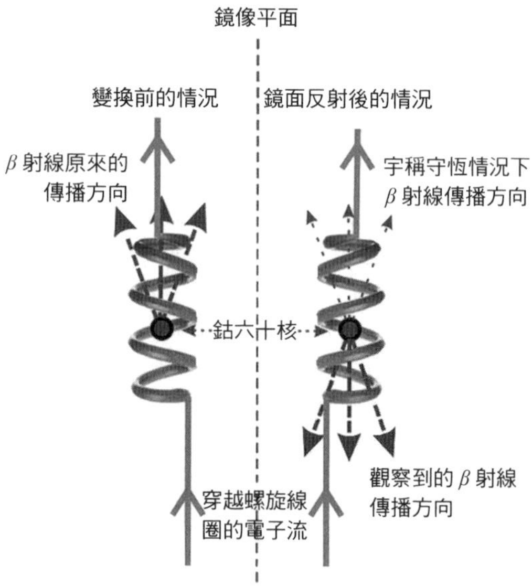

看看它們的衰變有什麼不同。

鈷六十原子核會衰變成一個鎳六十原子核、一個電子、一個反電微中子和兩個光子。而在吳健雄的實驗結果中，該電子出來以後，有一個明顯傾向的方向——而這個方向不是鏡像對稱的（圖 25-1 中的 β 射線就是電子）。讓原子核衰變的都是弱交互作用。吳健雄透過實驗證明，弱交互作用在「左」和「右」之間，有一個明顯的傾向性，左右不平等。

據說這結果讓包立火冒三丈，說這絕不可能，實驗應該重做！但是沒用，鏡子裡的世界就是不一樣。

事後人們進一步分析，弱交互作用之所以宇稱不守恆，應該是與微中子有關係——我們這個世界裡的微中子總是左手性的，反微中子總是右手性的。

這就是楊振寧、李政道和吳健雄當年那項工作的意義。下次看電影的時候，你要想知道膠卷是不是放反了，有個絕對管用的辦法：看看電影裡的微中子是不是左手性的。

當然，肉眼根本看不見微中子。微中子可能是最奇特的基本粒子。它們非常輕，質量幾乎就是零，但也不是絕對等於零，反正因為太輕了，現在還沒測出來到底有多輕。它們以接近光速的速度在宇宙中穿行，到哪幾乎都是穿牆而過，幾乎不與任何物質發生交互作用——但也不是絕對不發生交互作用，它參與引力和弱交互作用，否則就探測不到了。

微中子有三種，分別是「電微中子」、「緲微中子」和「濤微中子」，再算上它們各自的反物質，也可以說一共有六種。

微中子有個奇特的性質，它會自己改變類型。比如一個來自太陽的電微中子，在漫長的宇宙空間中行走，沒有任何東西干擾它——走著走著，它就變成了一個緲微中子。然後這個緲微中子走著走著，又變成了一個濤微中子，或者變回了電微中子。這就好像一隻貓走著走著就變成了狗，狗走著走著變成了兔子，三種動物互相之間都能變。

據我所知，沒人能徹底說明白微中子為什麼會這樣。這個現象叫「微中子震盪」（Neutrino oscillation）。

—•—

回過頭來說宇稱不守恆的事。前面提過，微中子總是左手性的，反微中子總是右手性的，所以宇稱不守恆。物理學家對這件事感到很不安，這完全不符合直覺，於是有人提出了一個新的對稱性。

如果我們在把這個世界裡的東西變換到鏡子世界裡的同時，把每一種粒子都變成它的反粒子，不就對稱了嗎？這個世界裡的微中子總是左手性的，鏡子世界裡的反微中子總是右手性的，不是很和諧嗎？

每一種物質都有它的反物質。電子帶負電，反電子帶正電；質子帶正電，反質子帶負電。反物質的各種物理參數都與物質一樣，唯一區別就是電荷的正負號反過來了，以及微中子的自旋不一樣。物質變反物質，這個操作可以叫「C變換」：C是電荷（Charge）的意思。

那麼物理學家這個猜想就是，宇稱——也就是P——雖然不守恆，但CP聯合起來，總該守恆了吧？

可是大自然再次給了物理學家一個意外答案——CP也不守恆。一九六四年，克羅寧（James Cronin）和菲奇（Val Fitch）發現，在K介子衰變這個弱交互作用的過程中，CP也被破壞了。這個發現也得了諾貝爾獎。

現在，物理學家只好又退一步，在C和P之外又加上了一個T——也就是時間反演變換。物理學家有充分的理由相信，如果把宇稱左右顛倒一下，把正反物質互換，同時再把電影倒著放，那麼鏡子世界裡的物理定律應該與我們這個世界是完全一樣的。這叫「CPT對稱」。

目前來說，CPT是守恆的。

講到這裡，我該揭開底牌了。講這些對稱性有什麼意義呢？意義就在於，它事關我們這個宇宙中的萬事萬物為什麼會存在。

因為CP不守恆。

正反物質是不能在一起的，一碰到就會發生湮滅，變成光子，所有的質量都成了光子的能量。如果你在實驗室裡製造了一點反質子或者反電子，你需要非常小心地保管它們，比如說用磁場把它們約束在空間中。一旦與普通的質子和電子接觸，它們就會發生爆炸。

好，知道了這一點，現在我們設想一下，假如這個宇宙的物理定律是CP守恆的，會發生什麼？CP守恆意味著反物質除了手性與正物質不一樣，其他都一樣。

而我們知道，在宇宙最初起源的時候，並沒有任何粒子存在。粒子們是大爆炸開始一萬億分之一秒之後才出現的。我們先不管能讓粒子們無中生有的物理定律是什麼——既然CP守恆，正物質與反物質是對稱的，這個定律每生產一個正物質粒子，就應該相應產生一個反物質粒子，不偏不倚，對吧？

而正反物質粒子產生之後就會立即發生碰撞，彼此湮滅！那麼結果就應該是：不管你生產了多少正反粒子，它們都正好一半一半，最後就應該全部互相湮滅，只剩下一大堆光子！

這也表示，如果物理定律是CP守恆的，那我們這個宇宙裡應該只有光子。

我們應該很慶幸，物理定律不是CP守恆的。物理學家推測，想要讓宇宙是今天這個樣子，宇宙大爆炸期間每生產十億個反粒子，應該生產十億零一個正粒子。正粒子只比反粒子多這麼一點點。而就是這一點點，最終積攢下來，才使得我們這個宇宙現在到處都是正粒子，而幾乎沒有反粒子。

換句話說，你身上每一個粒子都是當初十億分之一的倖存者。這意味著物理定律不是高度CP守恆的——只有那麼一點點不守恆，才恰好允許萬事萬物存在。

萬事萬物的出現，是因為物理定律不是絕對完美的。

那這一點點CP不守恆，是多大的一點點呢？到底是哪個方程式的不守恆導致的呢？現在還不知道。一九六四年發現的K介子衰變和後來發現的B介子，都包含CP不守恆，但物理學家認為這兩個機制的貢獻還不夠，必須繼續尋找其他CP不守恆的東西。現在物理學家盯上了微中子。

有人猜想，微中子震盪這件事，對正微中子和反微中子是不一樣的。現在世界上至少有三個超級微中子實驗裝置正在準備探測這一件事，分別是日本的「頂級神岡」（Hyper-K）、中國江門微中子實驗（JUNO）裝置，以及美國「深部地下微中子實驗」（DUNE）。這些實驗的基本原理是，從一個地方分別發射一束正緲微中子和一束反緲微中子，看看它們變成電微中子的比率是不是一樣的。

最近的一個新消息，是日本的「頂級神岡」剛運作起來，就發現了正微中子比反微中子略微勝出的證據。[108]

不過要想定論，還得等精度更高的實驗做出來再說。你會在十年之內的某一天再次聽到有關微中子的新聞，而你應該意識到，那可是事關萬事萬物為什麼存在的大事。

—•—

對稱是美的。我們直覺上總認為物理定律應該滿足完美的對稱性，所以世界才會如此井井有條。殊不知，絕對的完美也不行，因為「什麼都沒有」才是最完美的！留下幾個小到不能再小的漏洞，才有了這個多姿多彩的世界。

番外篇 3

一個常數的謎團

光速不變是相對論的基石，
普朗克常數是量子力學的基石，
難道電荷是可變的嗎？

二〇二〇年有個大新聞，澳洲科學家發現一個物理常數——叫「精細結構常數」——有變化，說明宇宙可能不是各向同性的，引起了很多人的興趣。

這個發現的意義到底是什麼，現在誰也沒辦法說清楚。但我認為這件事、這個發現的過程，對我們很有意義。這是個一波三折的故事，你可以從中體驗一下科學探索的樂趣。它還意味著我們這個宇宙真的是……總愛給人驚喜。

—•—

故事的主角叫韋布（John Webb），是澳洲新南威爾士大學的物理教授，也許你應該記住這個名字，他是一個戰士。

我先說一下什麼是精細結構常數。這是一個物理常數，一般用 α 表示：

$$\alpha = \frac{e^2}{2\varepsilon_0 hc} = \frac{1}{137.035999139}$$

一般我們說 α 近似 1/137。這是一個沒有單位的純數字，也就是不管用什麼單位傳統談論物理學，它都是這個值。之所以叫「精細結構常數」，是因為物理學家最早是在研究原子光譜的精細結構時用到了它。

從這個公式看來，α 與電荷（e）、普朗克常數（h）、光速（c）等都有關係，可以說是幾個常數的交叉點。如果 α 能變，那就意味著這幾個基本物理量有可能會變，所以它非常重要。

我們提過量子電動力學描寫了原子核以外、不算引力的所有物理現象——α正是量子電動力學的一個關鍵常數。但沒人知道α為什麼是這個數值。它是你寫好方程式之後，再給方程式手動輸入的參數——只有這個值符合實驗結果，但是我們不知道這個值有什麼更深的緣由。包立臨死前最後的願望，就是想知道為什麼α是這個值。

代表物理學對世界最新理解的標準模型，裡面有二十多個像α一樣的常數，沒人知道它們為什麼取這樣的值。設計師丟下這些數字就走了，沒有任何解釋。而且這些參數還不能隨便動，動了，可能這個宇宙就不會有生命存在。

帶電粒子的交互作用、原子核衰變的過程，都與α有關係。有計算表明，如果α的數值比現在這個數值大四％，世界上就不會有穩定的碳元素存在。而我們的身體需要碳，所以我們也就不存在了。

所以α這個數值很重要。事實上狄拉克在創立量子電動力學理論的時候就曾經想過，α的數值有沒有可能變呢？當時沒人當一回事，人們都相信物理常數是不會變的。

而一九九九年，韋布發現，α的數值似乎是會變的。[109]韋布的資料，來自夏威夷的天文望遠鏡觀測到一百二十億光年外一個「類星體」所發出的星光。所謂類星體，就是一個超大質量的黑洞，它周圍的氣體在向它掉落的過程中因為加速運動而發光，我們能看到這束光。

宇宙是非常空曠的，這束星光就這樣走過遙遠的距離，走了一百二十億年，到達了地球。物理學家可以知道這束星光在路上經歷了什麼。本來星光是一束連續的光譜，如果它在路上遇到某種塵埃組成的氣體，那塵埃的原子就會吸收掉一部分光。而因為每種原子吸收的頻率都是固定的，表現出來就是：星光的光譜上多了幾條黑色的譜線。

所有原子的吸收光譜我們都知道。所以物理學家一看這些吸收譜線的位置，就知道這束光曾經路過過什麼樣的氣體——做這個計算就要用到精細結構常數。

韋韋布和他的研究團隊計算得出，這束星光曾經遇過鎂原子和鐵原子的塵埃氣體。但是有一個問題：吸收譜線的位置，與我們在地球上看到的尋常的鎂原子和鐵原子的吸收譜線的位置，有小小的偏差。[110]

這個偏差說明，星光被吸收時的精細結構常數，比我們在地球上的精細結構常數小了那麼一點點。小了多少呢？一百萬分之一。

韋布據此宣稱，也許一百二十億年前的 α 比現在小。韋布這個發現並沒有引起足夠的震撼，因為大家都覺得他可能算錯了。物理學的一切測量都是有誤差的，α 比現在小一百萬分之一？你的測量精度夠一百萬分之一嗎？韋布認為他的精度是夠高的，但是正如薩根所說：「超乎尋常的論斷，需要超乎尋常的證據。」這一個證據實在不足以讓人信服，韋布需要更多證據。

你沒辦法在地球上做實驗證明 α 會不會隨時間變化，一百二十億年才差那麼一點點，我們不可能坐在這裡等著 α 值發生變化。但地球上還真有「老東西」可以讓你測量。

一九七〇年，有人發現地球歷史上——確切地說是二十億年前，曾經存在過一些天然的核反應爐。核反應需要鈾二三五，現在自然界的鈾二三五都已經衰變得差不多了，但二十億年前，地球上鈾二三五的密度比較高，以至於可以發生天然核反應。而透過當年那些天然核反應爐帶來的放射性現象的情況，物理學家可以估算那時候的 α 值。

這件事甚至驚動了我們非常熟悉的物理學家戴森（Freeman Dyson）——順便說一句，戴森先生在二〇二〇年去世了，享年九十六歲。但戴森失望了，因為測量的結果是 α 值幾乎沒什麼變化。

不過後來又有人做了更精確的測量，認為二十億年前的 α 值，與今天大概有「十億分之四十五」的差異。[III] 這真是微不足道的一點點，但請注意，這個測量結果是 α 值比今天大了這麼一點點。

對韋布來說，如果這個數字可信，就有點尷尬了。你測的是以前的 α 值比現在小，可人家測的是比現在大。那在旁觀者看來，最合理的解釋就是你們測出來的都是誤差。

但韋布沒有放棄。也許 α 值就是可以變來變去！

我前面提過，我們沒辦法直接在地球上等著 α 值變化，因為等不了一百二十億年——這話其實講錯了。進入二十一世紀，物理學家測量光譜的手段已經到了無比精確的程度。如果 α 值真的能在一百二十億年中變化一百萬分之一，又如果這個變化是均勻的，那它的變化率在幾年，甚至幾個月之內的影響，我們現在都可以測出來。

而測量結果是 α 值現在沒有變化。就算有，也絕對不是一百二十億年能變大一百萬分之一那麼快的變化速度。

當然，韋布仍然沒有氣餒。他完全可以說，也許以前變過，現在又不變了。

二〇一一年，韋布團隊證明了自己不是在開玩笑。他們用智利的一個天文望遠鏡觀測了另一個類星體的星光，又發現了吸收譜線的不一致之處。而這一次，韋布推算出來，以前的 α 值比現在要大。[112]

我們現在整理一下，截止到二〇一一年，我們知道 α 值：

一、夏威夷的望遠鏡發現以前比現在小

二、智利的望遠鏡發現以前比現在大

三、地球天然反應爐的測量發現以前要不比現在大，要不與現在一樣

四、地球精確譜線測量說現在 α 值不再變化了

請問你能從中得出什麼結論呢？

韋布得出了一個洞見。他說 α 值其實並不是在隨著時間變化，而是在隨著方向變化。我們從類星體的星光上看到的 α，既是過去的，也是遠方的——你以為那是因為在過去，其實那是因為在遠方！

為什麼夏威夷和智利的觀測結果相反？因為夏威夷在北半球，智利在南半球。我們知道南北半球的星空是完全不同的，兩個望遠鏡看到的是宇宙中兩個相反的方向！也許 α 值在宇宙的各個方向是不一樣的，也許宇宙不是各向同性的！

這就引出了二〇二〇年的新聞。[113]

二〇二〇年四月，韋布團隊發表了一篇新論文，一次列出了四個新的 α 值觀測結果，其中有的比標準值大，有的比標準值小，有的觀測物質距離我們較遠，有的距離我們較近。然後他們把這四個值和此前其他團隊觀測到的三一九個結果進行比較——其他團隊觀測的一些 α 值與標準值也有相當的偏差。當所有結果放在一起，韋布團隊歸結出：α 值在宇宙空間中似乎有一個與方向有關的變化。[14]

所以，現在基本結論是：

第一，α 值極其有可能是可變的。

第二，這個變化是變大，還是變小，與時間無關，與到我們這裡的距離遠近無關。

第三，這個變化很可能與宇宙空間的方向有關。

怎麼理解這個發現呢？

首先必須注意，這一切主要是韋布團隊在鼓吹，整個物理學界仍採取觀望的態度。畢竟現有的資料仍然非常雜亂，效應實在太微小了。

但是，如果前面說的那些「可能」都是真的，這件事可就大了。這是對物理學基本觀念的改寫，韋布絕對應該拿個諾貝爾獎。

光速不變是相對論的基石，普朗克常數是量子力學的基石，難道電荷是可變的嗎？難道說電荷不應該是一個數字，而是一個矩陣？不論如何，基礎物理學都必須改寫。

不過物理學家對此早有思想準備。以前就多次有人提出也許物理常數是可變的，二〇〇六年還有人測量發現，一百二十億年前的質子與電子質量之比，比現在可能大了〇·〇〇二%。[115]如果這些都是真的，引力之外的幾個基本交互作用就都得重新理解了。

不過請注意，參數可以變，不是說物理定律就失效了。也許我們只是把物理定律想得太簡單，用一個數字代表了一個複雜的物理機制而已；更深層的定律可以把那些看似從天而降的數字都算出來，而這正是理論物理學家早就想要的。

宇宙有可能不是各向同性的，則是更大的思想衝擊。

我們經常說宇宙沒有中心，到處都大致是一樣的，因為物理定律沒有方向，所以才有角動量守恆。而宇宙微波背景輻射的測量也的確表明宇宙各處真的相當均勻。不過正如報導所說，美國的一個團隊透過觀測X射線，似乎也發現宇宙有方向性，而且似乎與韋布的觀測相符合。[116]

我認為這一切都可能是偶然的統計噪音，但如果宇宙中真的存在特殊的方向，那只能說——我們仍然非常不了解這個宇宙。

番外篇 4

我們生活的這個世界是電腦類比出來的嗎？

遊戲裡的場景與真實世界一模一樣……
那一天，人們肯定會為之歡呼。
但是第二天，所有人都會馬上意識到，
我們其實也是別人模擬出來的。
那將是人類歷史上一個非常有意思的時刻。

這一篇，我們要用嚴肅的態度討論一個學術問題：我們生活的這個世界，到底是真實的存在，還是某個更高級的文明中的什麼人用電腦類比出來的、像電子遊戲一樣的存在？你和我，我們這些人，到底是我們認為的那種真正的人，還是電腦生成的NPC（非玩家角色）？

—•—

八寶飯撰寫了一本名叫《道長去哪了》的網路小說，其中有個非常有創造性的設定。傳統上佛家和道家都認為有不同類型的「世界」存在。八寶飯在小說中說，我們地球人現在生活的這個世界，叫「末法諸天」，也可以叫末法世界。這裡的特點是沒有魔法。所謂修道、念佛，其實都是學習人生哲學，也許能讓人心情更好，但是你怎麼修也修不出神通來。

但還有一種世界叫「靈力諸天」，那裡存在一種寶貴的修煉資源，也就是「靈力」。有靈力就可以真正修行，只不過你可能得有天生的資質才行。靈力世界是修行者和凡人共處的世界，大家壽命都很有限，但是你只要修煉就有「飛升」的可能性。飛升，是去更高級的世界。

比「靈力諸天」更高級的一種世界叫「混沌諸天」，裡面住的就都是修行者了。再往上還有更高級的地方等等。

這本書的創造性設定是：小說裡的世界，不是一個真實世界，而是某個混沌諸天裡的十位神仙用神識想像出來的世界。如果這個世界能夠好好演化下去，能立住，想像出這個世界的神仙們就可以獲得永生。這個世界裡有花草樹木和飛禽走獸，也有普通人和修煉者，有文化，有歷史，基本上就是中國大唐時代。身處這個世界中的人感覺自己是一個有意識的主體，而且也可以飛升到別的世界中去。小說的劇情展開，則是這個世界出現問題了……

這是我第一次在修仙小說中看到「世界是電腦模擬出來的」這樣的設定。當然你叫「神識想像」、「莊周夢蝶」、「駭客任務」都可以，本質是同一個意思。

我要說的是，你我身處的這個世界未必不是這樣，也許真相比小說還神奇。

在二〇一六年的一個訪談中，馬斯克（Elon Musk）說：「『我們所處的世界是真實的』這個可能性不到幾十億分之一。」[117] 換句話說，我們這個世界應該是電腦類比出來的。他為什麼這麼說呢？我們講一講其中的道理。

先說什麼叫真實，什麼叫模擬。如果世界是「真實」的，那就表示它是個客觀獨立的存在，不依賴任何外部支援系統，自己就能演化下去。為什麼拋出的石頭會掉下來？因為物理定律就是這樣的，它自動就會掉下來。

反過來說，我們猜測世界有可能是世界以外的某個智慧——也許是一部電腦——類比出來的。為什麼石頭會掉下來？因為電腦程式一幀一幀安排了它的運行軌跡。如果外面的那部電腦突然沒電了，我們這個世界也就不存在了。

乍看之下，你可能覺得「世界是模擬的」只是一個有意思的猜想，反正也不能證偽，好像不值得嚴肅對待。其實不然，這裡面有個非常有意思的推理。你確實很難從邏輯上徹底證明世界是不是模擬的，但是我們可以估算一下機率。

二〇〇三年，牛津大學哲學家伯斯特隆姆（Nick Bostrom）發表了一篇論文。[118] 這篇論文一出，很多人就都相信我們這個世界是模擬的了。為什麼呢？

伯斯特隆姆煞有介事地弄了一番數學計算，其實他的論證非常簡單。他說以下這三個論斷之中，至少有一個是真的：

一、人類將會在達到能用電腦類比世界的技術水準之前消亡

二、即便我們達到了能模擬世界的技術水準，我們也不願意去模擬世界

三、我們幾乎一定是生活在一個電腦類比世界之中

用電腦類比一個世界是非常困難的。也許做個電子遊戲很容易，但難在於你怎麼能讓遊戲中的人物都有自己的意識。我們現在連到底什麼是意識、意識是不是純演算法的、人腦到底是不是電腦程式等都不知道。也許有一些無法克服的技術限制，使得我們永遠都做不到去模擬一個世界。

而且就算能做到，我們也可能出於道德或者別的什麼原因，不去做這樣的事情。

但如果有一天我們真的能用電腦類比世界，而且還願意模擬世界，你猜我們會模擬幾個世界？

一定不止一個。這就好像開發電腦遊戲一樣，一旦有了開發遊戲的技術和意願，我們

必定會開發很多不同類型的遊戲。也許那時候的人類就以創造世界為樂趣；也許像寫小說一樣，創造一個高級世界能給創造者帶來某種好處。人們會創造各種各樣的世界。

所以模擬出來的世界一定比真實世界多得多。

現在，你出現在一個世界裡，你覺得碰巧遇到一個真實世界的機率能有多大呢？如果盜版書的質量與正版一樣，而且盜版完全合法，而且盜版書更便宜，盜版書的數量一定遠遠超過正版書。那上街買了一本書，你認為是盜版還是正版？

這就是伯斯特隆姆和馬斯克的邏輯。

如果你相信人腦就是電腦、人腦是可以類比的，你相信整個宇宙和人類文明的演化都可以用電腦類比，那麼根據前面的推理，你就應該相信，我們其實就是被模擬出來的。

如果世界可以被模擬，世界就是就是模擬的產物。

那我們這個世界到底是不是模擬的？很多人從世界本身的性質去推測，但是現在看來說服力不夠大。有個流行的段子說，這個世界之所以不允許超光速運動，就是因為它是模擬的，是工程師有意的設定，因為高速運動不容易模擬。

這個論證必定是錯的。稍微了解一點相對論的話，你就會知道，物理定律的關鍵不是不能超光速，而是光速不變——為了這個設定，這個宇宙的時空必須是可伸縮的：這樣的設定其實讓模擬更麻煩，而不是更容易了。

你還可以設想，如果世界是模擬的，它運行起來有可能會出毛病，會需要系統管理員維護，可能還需要版本升級，那我們為什麼從未有過這種體驗呢？可能是人類智慧生活的時間太短，沒能趕上維護；也可能維護時時刻刻都在發生，只是系統設定我們無法感知到而已。

還有一個論點是，如果宇宙是模擬的，為什麼要模擬得那麼大呢？我們現在推測，宇宙甚至有可能是無窮大的，那如果只是模擬一個世界給人看，有必要弄這麼大嗎？無數的星球，各有各的特色，都無比複雜，沒人看豈不是白白消耗運算能力？這個論點也不夠硬，也許外面那部電腦就有能力弄那麼大。

比較硬的判斷依據有兩個，第一個是量子力學。我們知道電腦類比是完全靠數學驅動的，而數學方程式裡面沒有真正的隨機性。如果量子力學中的隨機是真隨機，那就說明我們這個世界不是純粹用數學能解釋的，也就說明它不是模擬出來的。

還有一個判斷依據是時空的顆粒度。我們用的電腦本質上都是數位設備，只能類比有理數，理論上，它只能模擬具有有限顆粒度的時空。但如果這個世界的時空是可以任意細分的，是實數的，那它至少不可能用我們目前這種電腦類比。

這些，只能留待物理學進步了。現在來說，我們最好的判斷方法還是使用伯斯特隆姆的思路，關鍵在於「運算能力」。[119]

就已知的物理學而論，我們這個世界能用電腦模擬嗎？非常困難。

如果是像「桶中之腦」（Brain in a vat）只模擬人的感知，那種情形是萬能的，完全不可證偽，沒有討論的必要。我們討論的是如果用電腦類比這個世界的一切，必須誠實類比其中所有的物理過程，不管當時有沒有人看。這樣的模擬無比消耗運算能力。

比如說，把夸克綁定成質子和中子的力叫強交互作用，其計算就無比複雜。物理學家已經知道強交互作用的方程式，可要用這個方程式去忠實地模擬一個原子，是根本做不到的。就算可以做到，以目前電腦的運算能力，也只能模擬一個氦原子核，其中只有兩個質子和兩個中子。

那你想想，要再過多少年才能模擬一個真正的原子，模擬一個分子呢？更不用說模擬一個人和模擬整個世界了。

二〇一七年，牛津大學的兩個理論物理學家就是用運算能力論證，否定了電腦類比宇宙的可能性。[120]他們列舉幾個物理過程，包括「量子霍爾效應」（Quantum Hall effect），在計算上不僅複雜，且複雜度隨著粒子數目增加呈指數增長。想要模擬兩百個電子的運動，就得要一部把整個宇宙的粒子都用上的電腦。

所以，如果你想要創造一個世界的話，模擬真是個笨辦法，還不如直接大爆炸一個真的呢！當然，也可能是因為我們已知的計算方法都太落後了，也許先進文明有別的辦法。

—•—

總而言之，這個世界如果是可模擬的，我們就麻煩了。

設想五十年後，真的有個公司開發了這麼一個遊戲。遊戲裡的場景與真實世界一模一樣，以至於物理學家都測不出毛病來。遊戲裡的ＮＰＣ都有真實的意識，看起來與真人完全一樣……那一天，人們肯定會為之歡呼。

但是第二天，所有人都會馬上意識到，我們其實也是別人模擬出來的。

那將是人類歷史上一個非常有意思的時刻。

好在我們這個宇宙似乎夠複雜，而且是「不可化約的複雜」，也許根本就不能用更簡單、更節能的方法模擬，唯一的辦法就是老老實實重新演化一遍。

可是，話又說回來，如果連電腦都算不了，宇宙中的萬事萬物到底是怎麼自己就會演化的呢？如果世界不是模擬出來的，它又是個什麼呢？

番外篇 5

「量子穿隧效應」的新謎題

人怎麼能穿牆而過呢？

但是在量子世界，

量子力學偏偏就允許有一定的機率

讓這件事可以發生。

費曼在《QED：光和物質的奇妙理論》（*QED: The Strange Theory of Light and Matter*）這本書中有個感慨：「物理學中的事情變化之快，往往超過書籍出版的速度。」這本書原是費曼給外行的一個講座。講座結束後，費曼聽說實驗中發現的一些可疑事件，可能涉及講座中沒有提到的新粒子和新現象，就在新書的校樣中加了個註釋。結果過了幾個月，費曼又判斷那些可疑事件是虛驚一場，於是又加了一條註釋的註釋……

我們這一篇要講的就是一個可疑事件。

第七章提過一個現象，叫「量子穿隧效應」（也叫「量子穿隧」）。這個效應允許一個粒子穿過比它的總能量更高的位能障礙，也就是允許粒子穿牆。量子穿隧最初是人們解薛丁格方程式時得到的一個數學解，後來在很多物理過程中都發現了它。正因為有量子穿隧，原子核才可以衰變，太陽內部才可以發生核融合，植物才有光合作用，DNA才能自我修復。科學家還利用這個效應發明了掃描穿隧顯微鏡。

量子穿隧本身是個很怪異的事情。總能量小於位能，這意味著在穿牆的那一瞬間，粒子的動能是個負數！在真實世界，人怎麼能穿牆而過呢？但是在量子世界，量子力學偏偏就允許有一定的機率讓這件事可以發生。我當時說，對此可以有兩種解釋，一種是我們乾脆接受量子力學可以違反能量守恆；另一種是我們認為量子世界裡的能量具有不確定性，可以透過一個漲落變得高於位能。

其實我們並不真的理解量子穿隧，但大自然的事實就在那裡，我們接受它、認了。我前面講的那些，是物理學家公認的說法。

然而，就在二〇二〇年七月，一個最新的實驗研究，證實了量子穿隧一個更加奇怪的性質。[121]

我們之前只關注了粒子可以穿過位能障礙，但沒在意它是如何穿過障礙的，特別是它穿過障礙需要的時間是多少，也就是它的穿牆速度可以有多快。

這個研究告訴我們，粒子穿過障礙的速度，可以超過光速。

你的第一反應應該是這不可能。你的第二反應應該是，怎麼定義粒子的「速度」？

我們知道在量子世界裡，粒子並沒有一個確定的位置，包括能量和時間都具有不確定性。位置都不確定，粒子穿牆的距離當然也是不確定的，因「速度等於距離除以時間」，所以速度也具有不確定性。

但你得承認，粒子一定有一個速度。它曾經在牆的一邊，後來在牆的另一邊，它保證「運動」了，它必然在某個時間內走過了某個距離。物理學家有辦法計算一個統計學意義上的穿牆距離，測量一個統計學意義上的穿牆時間，並由此計算一個統計學意義上的穿牆速度。

比如說，我們可用機率波代表粒子出現在某地的機率，然後觀察這個機率波的運動。

物理學家有至少十種方法定義量子世界中粒子的速度，而不管用什麼方法，實驗結論都是穿牆速度有時候可以超光速。

其實這個結論並不是現在才發現的。早在一九六二年，德州儀器公司的一位半導體工程師哈特曼（Thomas Hartman），就已經在實驗中發現穿牆可以超光速了。[122]但當時的測量手段沒有那麼精確，人們並不是很重視。現在物理學家有更高級的測量方法，二〇一九年有人證明過穿牆超光速的現象，二〇二〇年是最新的一次，所以這個結論比較扎實。

—•—

超光速還不是唯一的怪異之處。哈特曼等人發現，同樣是讓粒子從這裡走到那裡，中間有牆、粒子必須穿牆的時候，它走得比沒有牆的時候更快。

當然，量子穿隧的發生是有機率的。有牆的時候粒子有很高機率根本過不去這道牆。但如果它過去了，牆就不但沒有減慢它的移動速度，反而還加速。

更進一步，牆的寬度，似乎並不怎麼影響穿牆的時間。

換句話說，牆是厚一點還是薄一點，都只影響穿牆的機率，而不影響穿牆的時間。這就是為什麼當牆夠厚時，穿牆速度就超光速了。

什麼意思呢？這給我的感覺，就好像粒子直接跳過了牆，或者從牆的一側直接穿越到了另一側一樣。

最新實驗用的是銣原子穿牆。實驗沒辦法即時觀測銣原子從頭到尾到底經歷了什麼，但是計算表明，銣原子似乎在牆兩側停留的時間較長，而在牆內部走路的時間非常短。

這種感覺就好像一個會法術的人表演穿牆。前一秒他還站在牆的這邊停了停，看了看，後一秒他已經在牆外了。你仔細盯著他，也沒看清他到底是怎麼穿過去的。算一算時間和距離，你發現他穿牆的速度超過了光速。

怎麼理解這件事呢？不知道。有人說量子穿隧發生的機率比較低，用來傳遞資訊是不可靠的，所以這不能算超光速的資訊傳遞，也就沒有違反狹義相對論。我對此評論表示不以為然，太牽強了。

但我們可以說的是，這件事已經不僅僅是「可疑事件」了。連著兩個最新實驗研究都證實了，而且論文發表在《自然》（*Nature*）期刊上。

這件事有什麼意義？對大自然有什麼影響？將來會有什麼應用？我們統統都不知道。我大概只能說，量子力學就如同一位充滿神祕氣質的女性，性格很怪異。你漸漸意識到自己這輩子是不可能理解她了，但仍可記下她的種種怪異之處，這樣一來，至少你能說自己知道她……

可是有一天，她又給你帶來了新的驚喜。現在，你甚至不能說你知道她。

番外篇 6

物理學家的冷笑話

有的人把物理學家當成不近人情的人，
有的人把物理學家當成充滿悲情的殉道者，
我覺得那些形象太可怕了。
物理學家只是一些探索者，
也許比普通人更純粹一些。

量子力學講完了，最後講點輕鬆的東西，比如幾件量子物理學家的趣聞。[23]

物理學家整天思考抽象和怪異的事物，進行冷酷無情的計算，發明匪夷所思的理論，但他們並不是另一種生物。他們也有喜怒哀樂，也有傲慢與偏見，只不過思路和一般人可能有點不一樣。

明白物理學家的行為規律，也許你會更理解他們。

生活中的物理學思維

物理學家喜歡把各種事物都量化分析。在哥本哈根的一次聚會上，狄拉克提出一個關於美女的理論。他說欣賞女性，一定存在一個最佳的距離 d。距離太遠，什麼都看不清，所以 d 不等於無限；距離太近，就會看到臉上的皺紋和瑕疵，所以 d 也不能太小——那麼 d 必定是零到無窮遠之間的一個數值。

當時加莫夫正好在場，他問狄拉克，你觀察過女性的最近距離是多少？狄拉克用手比了大約五公分的距離，說：「大概這麼近。」

另一次，狄拉克和一個朋友散步。朋友身上帶著一個藥瓶，一邊走一邊發出藥在裡面碰撞的聲音，朋友對此表示歉意。狄拉克想了想說：「我認為藥瓶半滿的時候，發出的聲音最大。」

有物理學家對此分析，狄拉克的這個思路與美女理論是一樣的：空瓶顯然沒有聲音，太滿了也沒什麼聲音。

除了物理學之外，狄拉克幾乎不關心其他任何事物，也沒什麼娛樂，但波耳愛好看電影，尤其是好萊塢西部片。不過波耳有時候會質疑劇情的真實性。

有一次，波耳說電影裡演一個姑娘獨自在野外行走，失足跌下懸崖，她立即抓住一塊石頭……在這個危急關頭，正好有個牛仔路過，救下了姑娘……這種事情發生的機率應該很小，但我也能理解。可是從機率角度來說，怎麼能那麼巧，就在同一時刻，旁邊正好有個攝影師，把這一切記錄下來呢？

還有一次，波耳的一個學生說電影中總是壞人先拔槍，英雄後拔槍，但英雄卻是先開槍，這不合理。對此，波耳認為，英雄沒有罪惡感，所以拔槍速度更快。

波耳的研究室學生們除了分類原子軌道，也分類了哥本哈根的姑娘們：

一、你完全忍不住要看

二、你很想看，但是可以做到不看

三、你看不看都無所謂

四、你看了會感到不如不看

五、你想看都看不下去

同樣的標準也適用於電影。如果認定是第五類電影，他們就會離開電影院。

專注

果說物理學家相對於普通人有什麼超能力的話，我認為其中一項必定是專注。

而專注的表現是對其他事心不在焉。

有一次波耳在一個人家裡參加聚會，每個人都有一杯酒，但那人忘了給波耳的酒杯倒酒。波耳一邊與人談論自己的原子理論，一邊拿起空杯來喝酒。他喝了三次之後，旁邊一個朋友再也看不下去了，問：「你在喝什麼啊？」

波耳這才看了看酒杯，說：「我也奇怪呢，這酒怎麼一點味道都沒有?!」

狄拉克也是個經常心不在焉的人，不過他認為自己的症狀並不是最嚴重的。在七十歲生日宴會上，狄拉克分享了數學家希爾伯特（David Hilbert）的一個故事。

有一天，希爾伯特散步時，遇到了實驗物理學家法蘭克（James Franck），就問他：「你的妻子也像我我妻子一樣卑鄙嗎？」法蘭克不知道如何回答是好，就問：「你妻子做什麼了？」

希爾伯特說：「我今天早上才十分偶然地發現，她給我的早餐，居然是不加雞蛋的！天知道這種事情已經發生多少次了？」

「包立效應」

傳說中，理論物理學家都「剋」實驗儀器。他們要是出現在實驗室，就會有儀器莫名其妙壞掉。而這位理論物理學家的水準愈高，「剋」儀器的效應就愈明顯。楊振寧就曾經被人說「哪裡有楊振寧，哪裡就有爆炸」。因為這樣的事最經常發生在包立身上，人們稱之為「包立效應」（Pauli effect）[124]。

人們說，包立走進哪個實驗室，哪個實驗室就會出事。發現電子自旋的實驗物理學家斯特恩，因為十分迷信包立效應，正式禁止了包立進入自己的實驗室。

一九四八年，蘇黎世榮格學院舉行開幕典禮，邀請包立參加。包立一進門，桌上一個裝滿水的瓷花瓶就無緣無故地掉到地上摔碎了。一九五〇年，包立訪問普林斯頓大學，人們在他到來之前就有點擔心包立效應。結果包立前腳一到，普林斯頓的迴旋加速器裝置就著火了。[125]

還有一次，前一則說過的實驗物理學家法蘭克，於哥廷根大學做實驗。在沒有任何跡象的情況下，他的一個複雜裝置突然壞了。法蘭克很懊惱，不過他寫信給包立，說這次至少不是你的原因。結果沒過幾天，包立回信，說他那天坐火車從蘇黎世去哥本哈根，火車在哥廷根車站停了一會兒，好像正好是實驗裝置壞掉那個時刻。

人人都知道了包立效應，有幾個年輕物理學家就想惡搞一下包立。在一次學術會議上，幾個人設計了一個裝置，在會議室的門上安裝了導線，只要一推開門，就會發出爆炸的聲音。他們精心安排好，包立果然到來，推門而入……什麼也沒發生。原來那幾個人測試了好多遍的裝置居然壞了！包立效應再次得到印證。

傲慢

很多物理學家有強烈的自豪感，包立大概是最自信的一個。

包立的前妻是一個舞蹈表演者，與包立離婚後嫁給了一個化學家。包立聽說之後感到很驚訝，對一位朋友說：「她要是嫁給一個鬥牛士，我還能理解。嫁給化學家？」

包立總是給人直言不諱的批評。有人曾經聽到他在討論中如此對波耳說話：「別說了，別傻了！」波耳保持溫和與克制，說：「但是，包立，你聽我說……」包立說：「不，我不聽！這是胡說，我不想再多聽一個字！」

有一次朗道（Lev Davidovich Landau）——這位可是蘇聯最厲害的物理學家，是天才人物——在會議上發言，也被包立打斷。朗道想要解釋，包立說：「朗道，不用了！你出去想想吧！」

大家都對此表示容忍，並且把包立視為「物理學的良心」。

但是人們也會消遣包立幾句。包立晚年很想知道為什麼「精細結構常數」是 1/137，但沒有找到答案。他最後在蘇黎世住院的病房號碼正好是一三七。人們據此在包立逝世後編了一個笑話：

包立見到上帝，上帝問他有什麼要求。包立請求上帝解釋一下精細結構常數為什麼是1/137，上帝就把證明寫在紙上給他看。包立看完之後說：「這是錯誤的！」

謙遜

前則講了傲慢，但其實大多數物理學家都是非常謙遜的，他們只是有時很反感庸常的瑣事，不願意被人當成什麼模範。

一九五四年，有感於社會對科學家騷擾過多，愛因斯坦寫信給一家雜誌：「如果我能再次年輕，在當前環境下，為了保持一定的獨立性，我寧可去當個水管工人……」後來，芝加哥市水管工人協會給了愛因斯坦一個會員資格。

還有一次，一個詩人採訪愛因斯坦，問他是怎麼工作的。愛因斯坦說我每天早上散步。詩人問：「那你是不是隨身帶著一個小本子，隨時記錄思想？」愛因斯坦說：「不，我不這樣。你不知道嗎？產生思想的時候很稀少。」

狄拉克得知自己得了諾貝爾獎之後，因為不願意變成公眾人物，一度打算拒絕領獎。拉塞福告訴他，如果拒絕諾貝爾獎，你會引起公眾更多的關注，狄拉克才同意領獎。

波耳的研究室，討論氣氛非常民主。有一次，波耳去朗道的研究室訪問，那邊有人問波耳，建設世界一流的研究室，有什麼經驗能告訴我們嗎？波耳說：「也許是我不懼怕在學生面前顯露我的愚蠢。」

但是翻譯把這句話翻譯錯了，說成「我懼怕在學生面前顯露愚蠢」。對此，有人評價這恰恰是兩個研究室的差別啊！

費曼曾在美國洛斯阿拉莫斯國家實驗室工作過，參與設計原子彈。當時波耳也在，波耳是物理學家中的大人物，被視為神一般的存在，費曼只是一個小字輩。波耳開討論會的時候，費曼只能坐在後排角落裡，完全不引人注目。

但有一天，波耳的兒子打電話給費曼，說波耳要單獨與他聊。費曼懷疑是不是搞錯了，「我只是費曼」。波耳的兒子再三保證沒錯，就是你。

費曼見到波耳，波耳立即說：「關於增加爆炸威力，我有個想法是這樣的，你看看行不行……」

費曼說：「這不行，你看……」

波耳又說：「那這樣行不行？比如說……」

費曼說：「這個好一些，但也不太行……」

兩人就這樣討論了兩個小時，其間各種爭論，費曼毫不畏懼。討論到最後總算有了點眉目，波耳說：「現在我們可以把大頭們叫來討論了。」

事後，波耳的兒子告訴費曼，波耳之所以點名要和費曼單獨聊，是因為他注意到，費曼是討論會上唯一不怕他的人。

費曼的故事能寫兩本書，而我們的篇幅只夠再說一個。

費曼得了諾貝爾獎之後為盛名所累，做什麼都不自由。他做物理學報告會有很多外行來聽，人們只是想見見諾貝爾獎得主，費曼不知道怎麼講才能讓這幫人滿意。

有一次，學生組織的物理俱樂部又請費曼做報告。費曼想了個辦法，讓學生們編造一個不知名的教授名字和一個不太吸引人的題目。

報告的海報是：「華盛頓大學的亨利・沃倫教授將於五月十七日三點在一〇二教室做關於質子結構的報告。」

當天下午，費曼出現在講臺上。他說：「沃倫教授臨時有事來不了，打電話問我能不能替他講。我正好也做了一點這方面的工作……」

—•—

有的人把物理學家當成不近人情的人，有的人把物理學家當成充滿悲情的殉道者，我覺得那些形象太可怕了。物理學家只是一些探索者，也許比普通人更純粹一些。

附錄

量子英雄譜

- 普朗克和愛因斯坦透過解決黑體輻射和光電效應問題，邁出了量子力學的第一步：光是一種粒子。
- 居里夫人發現放射性；湯姆森發現電子；拉塞福意識到放射性是原子的分裂，發現原子核，並且提出了更好但仍然不正確的原子模型；波耳的量子版原子模型能解釋整個化學。原子的世界被打開了。
- 德布羅意意識到一切物質都有波動性；「波粒二象性」被約瑟夫·湯姆森的兒子等人用實驗證明；量子世界的規律開始在物理學家面前展現。
- 海森堡揭示了測不準原理。當時的他並沒有意識到，這個原理既代表了物理學的探索邊界，又是量子世界最核心的規則。
- 薛丁格寫下波動方程式；玻恩揭示了波函數的意義，量子力學從此正規化……而物理學家們因為「上帝擲不擲骰子」分裂成兩個陣營。
- 除了量子穿隧，加莫夫對物理學最大的貢獻是他提出了大爆炸理論，並且預言了宇宙微波背景輻射的存在。他同時還是一位科學作家，寫過《物理奇遇記》（*The New*

World of Mr Tompkins）和《從一到無限大》（*One Two Three...Infinity*）這樣的名著。

- 狄拉克用強硬的數學功夫預言了正電子的存在，並且替自旋找到了理論解釋，是量子力學往前邁進的一個關鍵。
- 包立提出不相容原理，完成了量子力學理解原子的最後一塊重要拼圖。
- 費曼生於一九一八年，他出道的時候，量子力學的主要理論已經大功告成。但費曼為量子力學貢獻了「路徑積分」這個表達方式，他還是量子電動力學理論的關鍵完成者，並據此拿到一九六五年諾貝爾物理學獎。他的「費曼圖」把微觀粒子的交互作用形象化，大大方便了計算。費曼同時還是最機智的物理學家，深受粉絲愛戴。
- 貝爾用一個巧妙的定理，無可辯駁地證明了愛因斯坦是錯的，量子力學裡真的有「鬼魅似的超距作用」。
- 惠勒對量子力學大廈沒有決定性的貢獻，但他的奇思妙想啟發了幾代物理學家。他是氫彈的主要設計者，是「黑洞」這個詞的發明人，喜歡發表驚人之語。惠勒善於培養學生，而且活得很久，是最後一位去世的哥本哈根學派物理學家。

註釋

—第1章 詭祕之主—

❶ 這個實驗叫「伊利澤—威德曼炸彈測試」（Elitzur-Vaidman bomb tester），已經在一九九四年實現。

❷ 圖片來源：https://ocw.mit.edu/courses/physics/8-04-quantum-physics-i-spring-2016/，《量子力學究竟是什麼》編者翻譯。

—第2章 孤單光量子—

❸ 圖片來源：Samuel J. Ling et al.,*University Physics* (2016)，《量子力學究竟是什麼》編者翻譯。

❹ 圖片來源：https://quantummechanics.ucsd.edu/ph130a/130_notes/node48.html，《量子力學究竟是什麼》編者翻譯。

❺ 圖片來源：khanacademy.org。

❻ 原文為：A new scientific truth does not triumph by convincing its opponents and making them see the light, but rather because its opponents eventually die, and a new generation grows up that is familiar with it.

—第3章 原子中的幽靈—

❼ 你要非得說，文字還可以分成筆劃，筆劃還可以分成墨點，墨點還可以分成分子和原子……那你就犯了邏輯錯誤，你脫離了「傳遞資訊的最小單位」這個範疇。

❽ 圖片來源：https://askeyphysics.org/2015/01/25/119-12315-con-of-mom/plum-pudding-model-thomson/，《量子力學究竟是什麼》編者翻譯。

❾ 原文為：All science is either physics or stamp collecting.

❿ Steven Weinberg, The Crisis of Big Science, *The New York Review of Books*, May. 10, 2012.

⓫ 圖片來源：https://www.ck12.org/chemistry/gold-foil-experiment/lesson/Rutherfords-Atomic-Model-MS-PS/，《量子力學究竟是什麼》編者翻譯。

⓬ 圖片來源：https://profmattstrassler.com/articles-and-posts/particle-physics-basics/the-structure-of-matter/atoms-building-blocks-of-molecules/atoms-their-inner-workings/，《量子力學究竟是什麼》編者翻譯。

⑬ 繪圖者：OrangeDog，《量子力學究竟是什麼》編者翻譯。

⑭ 繪圖者：JabberWok，《量子力學究竟是什麼》編者翻譯。

⑮ 圖片來源：https://chemistryonline.guru/atomic-structure-numerical-part-2/，《量子力學究竟是什麼》編者翻譯。

—第4章　德布羅意的明悟—

⑯ 鄧小平，《鄧小平文選：第三卷》，人民出版社，1993。

⑰ 圖片來源：https://curiosity.com/topics/the-double-slit-experiment-cracked-reality-wide-open-curiosity/，《量子力學究竟是什麼》編者翻譯。

⑱ 繪圖者：Jordgette。

⑲ 圖片來源：https://astro-chologist.com/synastry-and-constructive-interference-big-announcement/，《量子力學究竟是什麼》編者翻譯。

⑳ 圖片來源：https://nature.berkeley.edu/classes/eps2/wisc/geo360/X13.html。

㉑ 繪圖者：Ndthe。

㉒ 繪圖者：NekoJaNekoJa，《量子力學究竟是什麼》編者翻譯。

㉓ 圖片來源：Belsazar，經外村彰（Akira Tonomura）博士許可提供。

—第5章　海森堡論不確定性—

㉔ 嚴格來說，這個Δ的意思是統計分布的變異數。

㉕ 圖片來源：Marco Masi, *Quantum Physics: An Overview of a Weird World* (2019)。

㉖ 圖片來源：同前註，《量子力學究竟是什麼》編者翻譯。

㉗ 圖片來源：https://crackingthenutshell.org/heisenbergs-uncertainty-principle/，《量子力學究竟是什麼》編者翻譯。

㉘ 圖片來源：https://pressbooks.bccampus.ca/collegephysics/chapter/static-electricity-and-charge-conservation-of-charge/ 。

㉙ 圖片來源：https://www.universetoday.com/38282/electron-cloud-model/。

—第6章　薛丁格解出危險思想—

㉚ 指天地有規律運行的自然機能。

—第7章　機率把不可能變成可能—

㉛ 如果想要正經八百地學習這一節求解的過程，你可以使用任何一本大學物理教科書，或者參考麻省理工學院的一門公開課的筆記：8.04 QuantumPhysics I Spring 2016, Lecture 10 & Lecture 11. MIT OpenCourseWare，https://ocw.mit.edu。

㉜ 圖片來源：M. Humphrey et al., Idiot's Guides, *Quantum Physics*，《量子力學究竟是什麼》編者翻譯。

㉝ 圖片來源：chem.libretexts.org。

㉞ 繪圖者：Felix Kling。

㉟ 圖片來源：rankred.com，《量子力學究竟是什麼》編者翻譯。

㊱ 繪圖者：Michael Schmid、Grzegorz Pietrzak，《量子力學究竟是什麼》編者翻譯。

—第8章　狄拉克統領量子電動力學—

㊲ 繪圖者：JohnCD，《量子力學究竟是什麼》編者翻譯。

㊳ 圖片來源：nitt.edu。

㊴ 圖片來源：simply.science。

㊵ 請注意，你不能把這個等式代入一開始那個關於ϕ的式子之中去！因為現在是另一個實驗了。另外，如果兩個方向不是垂直的，機率會有相應的改變；方向愈接近，機率就愈接近一。

㊶ 嚴格來說，各個e態之間應該是「互相正交」的，也就是說它們應該互不隸屬、互相獨立。

—第9章　世間萬物為什麼是這個樣子？—

㊷ 圖像作者：PoorLeno，《量子力學究竟是什麼》編者翻譯。

—第10章　全同粒子的怪異行為—

㊸ C. K. Hong, Z. Y. Ou, L. Mandel，Measurement of Subpicosecond Time Intervals Between Two Photons by Interference，

Physical Review Letters 59 (1987).

㊹ 圖片來源：https://www.indiamart.com/proddetail/laser-line-plate-beam-splitters-7112372297.html，《量子力學究竟是什麼》編者翻譯。

㊺ 為什麼一百八十度要變號呢？數學細節是 $e^{i\pi}=-1$。

㊻ 這個原理是「菲涅耳方程式」，關鍵在於分光鏡的厚玻璃和空氣的折射率非常不同。詳情見 K.P. Zetie, S.F. Adams, R.M. Tocknell. How Does a Mach–Zehnder Interferometer Work?, Physics Education 35 (2000).

㊼ 事實上，如果你發射的不是兩個光子，而是兩束光，你看到的就只會是往西和北兩個方向走的兩束光，實驗無比平淡，毫無意義。

—第11章　愛因斯坦的最後一戰—

㊽ 這張圖是波耳畫的。本章前兩張圖片均出自波耳檔案文件。

㊾ 採用 Marco Masi, *Quantum Physics: An Overview of a Weird World* (2019) 一書中一個稍微簡化的版本和圖片。

㊿ Richard P. Feynman, *QED: The Strange Theory of Light and Matter*, Princeton University Press, 1985.

—第12章　世界是真實的還是虛擬的？—

51 這個場景的創意來自 Jed Brody 的 *Quantum Entanglement* (2020) 一書。

52 原文為：Do you really believe that the moon isn't there when nobody looks?

53 貝爾的事蹟見於 George S. Greenstein，David Kaiser, *Quantum Strangeness: Wrestling with Bell's Theorem and the Ultimate Nature of Reality* (2019) 一書。

54 原文為：The proof of von Neumann is not merely false but foolish!

—第13章　鬼魅似的超距作用—

55 這個故事源於美國物理學家大衛．默明（David Mermin）。經濟學家史帝文．藍思博（Steven E. Landsburg）在 *The Big Questions: Tackling the Problems of Philosophy with Ideas from Mathematics, Economics and Physics* (2009) 一書中對其做了更通俗的改編，我們講的是基於藍思博版本的改編版。

56 嚴格來說，貝爾不等式並沒有徹底否定隱變數理論。也許測量儀器和隱變數一起決定了電子的自旋到底是向上還是向下，而測量之前的電子處於被隱變數描寫的隨時變動狀態……但不論如何，兩個電子之間都必須有一個超距作用的協調。而既然這個協調如此強硬，隱變數的影響也得服從協調，你會覺得隱變數的「存在感」已經很小了。

57 現在有太多人濫用量子糾纏概念，我希望你能記住一句可以破除迷信的口訣：「量子糾纏不能用於傳遞資訊」。

58 Sabine Hossenfelder, Tim Palmer, Superdeterminism: How to Make Sense of Quantum Physics, *Nautilus* 083 (2020).

—第14章　波函數什麼都知道—

59 圖片來源：https://quantumgeometrydynamics.com/qgd-locally-realistic-explanation-of-quantum-entanglement-experiments-part-1/，《量子力學究竟是什麼》編者翻譯。

60 圖片來源：同前註。

61 圖片來源：Anil Ananthaswamy, *Through Two Doors at Once: The Elegant Experiment That Captures the Enigma of Our Quantum Reality* (2018)，《量子力學究竟是什麼》編者翻譯。

62 P.G. Kwiat, H. Weinfurter, T. Herzog, A. Zeilinger, M. A. Kasevich, Interaction-Free Measurement，*Physical Review Letters* 74 (1995).

—第15章　用現在改變過去—

63 圖片來源：https://www.preposterousuniverse.com/blog/2019/09/21/the-notorious-delayed-choice-quantum-eraser/，《量子力學究竟是什麼》編者翻譯。

64 圖片來源：Marco Masi, Quantum *Physics: An Overview of a Weird World* (2019)，《量子力學究竟是什麼》編者翻譯。

65 V. Jacques et al., Experimental Realization of Wheeler's Delayed-Choice Gedanken Experiment, *Science* 315 (2007).

66 圖片來源：Marco Masi, *Quantum Physics: An Overview of a Weird World* (2019)，《量子力學究竟是什麼》編者翻譯。

67 Francesco Vedovato et al., Extending Wheeler's Delayed-Choice Experiment to Space, *Science Advances* 3 (2017). 圖 16-1 也出自這篇論文，《量子力學究竟是什麼》編者翻譯。

68 George Musser, The Quantum Mechanics of Fate, *Nautilus* 021 (2015).

—第16章　你眼中的現實和我眼中的現實—

69 式中兩個係數 $1/\sqrt{2}$，是為了確保粒子塌縮到其中每個狀態的機率都是 1/2，別忘了「機率是波函數絕對值的平方」。

70 像位置和動量是可以連續變化的，表現在波函數上就是一個連續的函數，而不是像路徑和動量那樣寫成相加的形式。但本質是一樣的。

71 圖片來源：afriedman.org，《量子力學究竟是什麼》編者翻譯。

72 Massimiliano Proietti et al., Experimental Test of Local Observer Independence, Science *Advances* 5 (2019). 圖 16-2 也出自這篇論文，《量子力學究竟是什麼》編者翻譯。

73 關於這個實驗的報導、解讀和討論，參見 Emerging Technology from the ArXiv, A Quantum Experiment Suggests There's No Such Thing as Objective Reality, *MIT Technology Review*, Mar. 12, 2019; Alessandro Fedrizzi et al., Objective Reality Doesn't Exist, Quantum Experiment Shows, *Live Science*, Nov. 16, 2019; Alexander I. Poltorak, *Wigner's Friend Paradox*, https://blogs.timesofisrael.com/wigners-friend-paradox/。

—第17章　貓與退相干—

74 圖片來源：https://smarinarrieta.cl/la-realidad-es-una-paradoja/。

75 圖片來源：https://iotpractitioner.com/quantum-computing-series-part-8-decoherence/，《量子力學究竟是什麼》編者翻譯。

76 C.J. Myatt, B.E. King, Q.A. Turchette, C.A. Sackett, D. Kielpinski, W.M. Itano, C. Monroe, D.J. Wineland, Decoherence of Quantum Superpositions through Coupling to Engineered Reservoirs, *Nature* 403 (2000).

77 P. Ball, How Decoherence Killed Schrödinger's Cat, *Nature*(2000), https://doi.org/10.1038/news000120-10, retrieved Jul. 27, 2020.

—第18章　道門法則—

78 複習「哥本哈根詮釋」，在第十一章。

79 Frank J. Tipler, Quantum Nonlocality Does not Exist, *Proceedings of the National Academy of Sciences of the United States of America* 111(2014), https://doi.org/10.1073/pnas.1324238111, retrieved Aug. 1, 2020. 簡單來說，兩個人各自測

量互相糾纏的一對粒子時，世界發生了分叉；然後兩人比對測量結果的時候，世界再次發生分叉，因為人也受到量子力學管轄。最後一次分叉之後仍然落在同一個世界裡的兩個人的測量結果必定具有相關性。

80 圖片作者：Opasson。

—第19章　宇宙如何無中生有？—

81 原文為：To encounter the quantum is to feel like an explorer from a faraway land who has come for the first time upon an automobile. It is obviously meant for use, and important use, but what use?

82 圖片來源：https://www.theglobeandmail.com/business/technology/science/article-three-of-stephen-hawkings-most-influential-ideas/，《量子力學究竟是什麼》編者翻譯。

83 繪圖者：Stannered，《量子力學究竟是什麼》編者翻譯。

84 M. Tegmark, N. Bostrom, Is a Doomsday Catastrophe Likely?, *Nature*. 438 (2005).

85 圖片來源：E.M. Huff, The SDSS-III Team and the South Pole Telescope Team, Graphic by Zosia Rostomian。

—第20章　量子通訊除魅—

86 我用了一個最簡單的辦法，每四位數轉換成一個十進位數字：「〇一〇〇」等於四、「〇一一〇」等於六……其實什麼方法都可以。

87 編按，此處的比喻敘述援引自木桶理論（Cannikin law），長板指優勢與特長；短板指瓶頸與限制。

88 編按，RSA為此金鑰的設計者，李維斯特（Ron Rivest）、薩莫爾（Adi Shamir）、阿德曼（Leonard Adleman）三人的姓氏字首組合而成。

89 Karen Martin, *Waiting for Quantum Computing: Why Encryption has Nothing to Worry About*, https://techbeacon.com/security/waiting-quantum-computing-why-encryption-has-nothing-worry-about, retrieved Aug. 3, 2020.

—第21章　量子計算難在哪？—

90 快得多是快多少呢？很難用老百姓的語言描述……這不是幾個數量級的問題，差距取決於任務的大小。秀爾演算法花費的是「多項式時間」，傳統演算法花費的是「次指數時間」，在簡單問題上展現不出來，當任務變大的時候，它們就有天壞之別了。

91 Daniel Zender, Chemists Are First in Line for Quantum Computing's Benefits, *MIT Technology Review*, Mar. 17, 2017.

92 Tim Childers, Google's Quantum Computer Just Aced an "Impossible" Test, *Live Science*, Oct. 24, 2019.

93 Kevin Hartnett, A New Law to Describe Quantum Computing's Rise?, *Quantamagazine*, Jun. 18, 2019.

94 Adrian Cho, The Biggest Flipping Challenge in Quantum Computing, *Science*, Jul. 9, 2020.

—第22章　量子佛學—

95 參見朱清時的兩個演講《用身體觀察真氣和氣脈》、《量子意識——現代科學與佛學的匯合處？》。

96 Philip Ball, The Strange Link between the Human Mind and Quantum Physics, *BBC-Earth*, Feb.16, 2017.

97 同前註。

98 原文為：Extraordinary claims require extraordinary evidence.

99 由哲學家麥克・奧爾德（Mike Alder）在二〇〇四年提出。

100 由邏輯學家奧坎的威廉（William of Occam）提出。這個原理主張「如無必要，勿增實體」，即「簡單有效原理」。

—第23章　物理學的進化—

101 繪圖者：Inductiveload，《量子力學究竟是什麼》編者翻譯。

102 圖片來源：Mark Humphrey, Paul Pancella, Nora Berrah, Idiot's Guides, *Quantum Physics*,《量子力學究竟是什麼》編者翻譯。

103 繪圖者：Joel Holdsworth。

104 圖片來源：Mark Humphrey, Paul Pancella, Nora Berrah, Idiot's Guides, *Quantum Physics*,《量子力學究竟是什麼》編者翻譯。

—番外篇1　要不電子有意識，要不一切都是幻覺—

105 可純數學結構是沒有隨機性的，那我們這個宇宙裡的隨機性是從哪來的呢？為此鐵馬克必須引入平行宇宙的概念，認為隨機性只是一個假象，僅僅代表我們在一大堆平行宇宙裡的位置而已。

106 Hedda Hassel Mørch, Is Matter Conscious? Why the Central Problem in Neuroscience is Mirrored in Physics, *Nautilus*, Apr. 6, 2017.

—番外篇2 這個宇宙的物理學並不完美，而這很值得慶祝—

107 繪圖者：Bleckneuhaus，LeoTschW 翻譯。

108 The T2K Collaboration, Constraint on the Matter-Antimatter Symmetry-Violating Phase in Neutrino Oscillations, *Nature* 580(2020). 報導見 Dennis Overbye, Why the Big Bang Produced Something rather than Nothing, *New York Times*, Apr. 15, 2020.

—番外篇3 一個常數的謎團—

109 Michael Brooks, *13 Things that Don't Make Sense*, Vintage, 2008.

110 你可能知道，宇宙膨脹帶來的紅移效應也會改變譜線的位置——把譜線直接平移。我們這裡說的差異，已經考慮到了紅移效應。

111 Michael Brooks, 13 *Things that Don't Make Sense*, Vintage, 2008.

112 Igor Teper, Inconstants of Nature, *Nautilus*, Jan. 23, 2014.

113 Lachlan Gilbert, New Findings Suggest Laws of Nature 'Downright Weird,' not as Constant as Previously Thought, phys.org, Apr. 27, 2020.

114 Michael R. Wilczynska et al., Four Direct Measurements of the Fine-Structure Constant 13 Billion Years ago, *Science Advances* 6 (2020).

115 Michael Brooks, *13 Things that Don't Make Sense*, Vintage, 2008.

116 Lachlan Gilbert, New Findings Suggest Laws of Nature 'Downright Weird,' not as Constant as Previously Thought, phys.org, Apr. 27, 2020.

—番外篇4 我們生活的這個世界是電腦類比出來的嗎？—

117 https://youtu.be/2KK_kzrJPS8

118 Nick Bostrom, Are We Living in a Computer Simulation?, *The Philosophical Quarterly*, 53 (2003).

119 Anil Ananthaswamy, Do We Live in a Simulation? Chances Are about 50–50, *Scientific American*, Oct. 13, 2020.

120 Zohar Ringel, Dmitry L. Kovrizhin, Quantized Gravitational Responses, the Sign Problem, and Auantum Complexity, *Science Advances* 3 (2017).

—番外篇5　「量子穿隧效應」的新謎題—

121 Ramón Ramos, David Spierings, Isabelle Racicot, Aephraim M. Steinberg, Measurement of the Time Spent by a Tunnelling Atom Within the Barrier Region, *Nature* 583 (2020).

122 Natalie Wolchover, Quantum Tunnels Show How Particles Can Break the Speed of Light, *Quantamagazine*, Oct. 20, 2020.

—番外篇6　物理學家的冷笑話—

123 這些故事應該都是真實的，它們散落在各種書籍和回憶錄中。中國科學技術大學的范洪義教授專門編寫了一本《物理學家的睿智與趣聞》（上海交通大學出版社），搜集整理了很多類似的故事，本篇未註明出處的故事都出自這本書。

124 盧昌海對包立效應有過一番考證，見 https://www.changhai.org/articles/science/misc/pauli_effect.php。

125 Robert Moss, *The Secret History of Dreaming*, New World Library, 2010.

參考書目

以下是創作「得到」App 的量子力學課程及本書時使用的參考書，按作者姓氏字母排序。

1. Anil Ananthaswamy, *Through Two Doors at Once: The Elegant Experiment that Captures the Enigma of Our Quantum Reality,* Dutton, 2019.
2. Hans Christian Von Baeyer, Lili Von Baeyer, *QBism: The Future of Quantum Physic*, Harvard University Press, 2021.
3. Philip Ball, *Beyond Weird: Why Everything You Thought You Knew about Quantum Physics Is Different*, University of Chicago Press, 2018.
4. Adam Becker, *What Is Real?: The Unfinished Quest for the Meaning of Quantum Physics*, Basic Books, 2019.
5. Jed Brody, *Quantum Entanglement*, The MIT Press, 2020.
6. Sean Carroll, *Something Deeply Hidden: Quantum Worlds and the Emergence of Spacetime*, Dutton, 2019.
7. George S. Greenstein, David Kaiser, *Quantum Strangeness: Wrestling with Bell's Theorem and the Ultimate Nature of Reality*, The MIT Press, 2019.
8. John Gribbin, *Six Impossible Things: The Mystery of the Quantum World*, The MIT Press, 2019.
9. Paul Halpern, *The Quantum Labyrinth: How Richard Feynman and John Wheeler Revolutionized Time and Reality*, Basic Books, 2018.
10. Steven Holzner, *Quantum Physics for Dummies*, For Dummies, 2013.
11. Mark Humphrey, Paul Pancella, Nora Berrah, *Quantum Physics (Idiot's Guides)*, Alpha, 2015.
12. Manjit Kumar, *Quantum: Einstein, Bohr, and the Great Debate about the Nature of Reality*, W. W. Norton & Company, 2011.
13. Marco Masi, *Quantum Physics: An Overview of a Weird World Vol I, A Primer on the Conceptual of Foundations*, Independently published, 2019.
14. Marco Masi, *Quantum Physics:An Overview of a Weird World Vol II, A Guide to the 21th Century Quantum Revolution*, MVB GmbH, 2020.
15. Lukas Neumeier et al., *Quantum Physics for Hippies*, Independently published, 2019.

16. Alastair I.M. Rae, *Quantum Physics: A Beginner's Guide*, Oneworld Publications, 2005.
17. Lee Smolin, *Einstein's Unfinished Revolution: The Search for What Lies Beyond the Quantum*, Penguin Press, 2019.
18. Leonard Susskind, Art Friedman, *Quantum Mechanics: The Theoretical Minimum*, Basic Books, 2014.
19. Max Tegmark, *Our Mathematical Universe: My Quest for the Ultimate Nature of Reality*, Knopf, 2014.（編按：本書於第二十二章、番外篇一提及時採簡體版書名《穿越平行宇宙》，汪婕舒譯，浙江人民出版社，2017。）
20. 范洪義，《物理學家的睿智與趣聞》，上海交通大學出版社，2009。

國家圖書館出版品預行編目 (CIP) 資料

高手量子力學：「精英日課」人氣作家，帶你刺探世界的底層邏輯，升級你對萬物的認知／萬維鋼著 . -- 初版 . -- 臺北市：遠流出版事業股份有限公司，2023.08
面；　公分

ISBN 978-626-361-191-7（平裝）

1.CST: 量子力學

331.3　　112010991

高手量子力學

「精英日課」人氣作家，帶你刺探世界的底層邏輯，升級你對萬物的認知

作者／萬維鋼

資深編輯／陳嬿守
封面設計／朱陳毅
內頁排版／魯帆育
行銷企劃／舒意雯
出版一部總編輯暨總監／王明雪

發行人／王榮文
出版發行／遠流出版事業股份有限公司
104005 臺北市中山北路一段 11 號 13 樓
電話／（02）2571-0297　傳真／（02）2571-0197　郵撥／ 0189456-1
著作權顧問／蕭雄淋律師
2023 年 8 月 1 日　初版一刷
2024 年 2 月 5 日　初版四刷

定價／新臺幣 380 元（缺頁或破損的書，請寄回更換）

ISBN 978-626-361-191-7

遠流博識網 http://www.ylib.com　E-mail: ylib@ylib.com
遠流粉絲團 https://www.facebook.com/ylibfans